"十三五"高等职业教育规划教材

电工基本操作技能训练

张明金　朱　涛　主　编

孟宝星　范爱华　副主编

吉　智　主　审

U0310605

中国铁道出版社有限公司

CHINA RAILWAY PUBLISHING HOUSE CO., LTD.

内 容 简 介

本书以操作工艺为主线,结合维修电工中级考工技术要求编写而成。全书共分6个项目,内容包括:安全用电及触电急救技能训练、电工基本操作技能训练、低压配线与室内照明灯具的安装技能训练、交流异步电动机的拆装技能训练、常用低压电器的拆装与检修技能训练、继电器-接触器电气控制电路的安装与检修技能训练,并附有维修电工(中级)电气控制线路的安装技能操作模拟试题。本书将知识学习与能力训练相结合,注意培养学生独立操作和分析解决问题的能力。

本书适合作为高等职业院校机电类、电气类专业的教材,也可供工程技术人员参考。

图书在版编目(CIP)数据

电工基本操作技能训练/张明金,朱涛主编 . —北京:
中国铁道出版社有限公司,2019.8(2024.1 重印)
"十三五"高等职业教育规划教材
ISBN 978-7-113-26006-4

Ⅰ.①电… Ⅱ.①张… ②朱… Ⅲ.①电工技术-高等
职业教育-教材 Ⅳ.①TM

中国版本图书馆 CIP 数据核字(2019)第 131415 号

书　　名:**电工基本操作技能训练**

作　　者:张明金　朱　涛

策　　划:王春霞　　　　　　　　　　　编辑部电话:(010)63551006
责任编辑:王春霞　彭立辉
封面设计:付　巍
封面制作:刘　颖
责任校对:张玉华
责任印制:樊启鹏

出版发行:中国铁道出版社有限公司(100054,北京市西城区右安门西街 8 号)
网　　址:http://www.tdpress.com/51eds/
印　　刷:北京铭成印刷有限公司
版　　次:2019 年 8 月第 1 版　2024 年 1 月第 4 次印刷
开　　本:850 mm×1 168 mm 1/16　印张:13　字数:301 千
书　　号:ISBN 978-7-113-26006-4
定　　价:35.00 元

前　言

本书根据高等职业技术教育机电类、电气类、电子技术类专业的培养计划对电工技能的要求,以及国家职业技能鉴定(维修电工中级工)考核标准编写而成。全书采用项目引领、任务驱动的方式展开,将理论与实践、知识与技能有机地融于一体,以能力为本位,注重操作技能的培养,突出电气设备的使用维护、安装调试、故障判断和维修。

本书以操作技能训练为主线,结合维修电工中级考工技术要求,将相关知识点融入完成工作任务所必备的工作项目中,突出对学生进行规范化的工程技能训练。在内容编排上注重广泛性、科学性和实用性,从工程实际的角度出发,培养学生分析和解决实际问题的能力、工程实践能力和创新意识。

本书在编写的过程中,本着"精选内容,打好基础,培养能力"的精神,将知识学习与能力训练相结合,精讲精练,重点放在技能训练上。

本书共分6个项目,内容包括:安全用电及触电急救技能训练、电工基本操作技能训练、低压配线与室内照明灯具的安装技能训练、交流异步电动机的拆装技能训练、常用低压电器的拆装与检修技能训练、继电器-接触器电气控制电路的安装与检修技能训练。各项目分成若干任务,各任务以相关知识、技能训练、思考练习题为主线编写。在知识讲解中,语言力求简练流畅。由于多数高职院校专门开设PLC应用技术及实训课程,所以本书未包含PLC的内容。此外,还附有维修电工(中级)电气控制线路的安装技能操作模拟试题,供考工培训时选用。

本书适合作为高等职业院校机电类、电气类专业的教材,也可供工程技术人员参考。

本书由徐州工业职业技术学院张明金、朱涛任主编,徐州工业职业技术学院孟宝星、扬州工业职业技术学院范爱华任副主编。其中:项目1、6由张明金编写,项目2由孟宝星编写,项目3由朱涛编写,项目4由范爱华编写,项目5和附录由孟宝星编写。全书由张明金和朱涛编写大纲、统稿、定稿。

本书由徐州工业职业技术学院吉智主审,他对全部的书稿进行了认真、仔细的审阅,提出了诸多宝贵的修改意见,在此表示衷心的感谢。

在本书的编写过程中,得到编者所在学校各级领导及同事的支持与帮助,在此表示感谢。同时,对书后所列参考文献的各位作者表示深深的感谢。

由于编者水平所限,书中疏漏不妥之处在所难免,敬请各位读者提出宝贵意见。

编　者

2019 年 2 月

目 录

附录　维修电工（中级）电气控制线路的安装技能操作模拟试题 ······ 193

参考文献 ··· 198

项目 1

安全用电及触电急救技能训练

项目内容

- ✦ 安全用电常识。
- ✦ 人体触电的种类和方式,触电的原因及预防措施。
- ✦ 触电急救的措施。
- ✦ 电气防火、防爆、防雷常识。

项目目标

- ✦ 掌握安全用电的要求,遵守安全电压的规定。
- ✦ 了解触电的方式。
- ✦ 掌握安全用电的措施,遵守安全用电操作规程,养成安全用电的良好习惯。
- ✦ 能分析触电的常见原因,能对触电现场进行处理,会快速实施人工急救。
- ✦ 了解引起电气火灾和爆炸的原因,掌握预防电气火灾和爆炸的措施。
- ✦ 掌握扑灭电气火灾的方法,并能扑灭电气火灾。
- ✦ 了解防雷电常识。

任务 1.1 安全用电与触电急救技能训练

相关知识 安全用电及触电急救

电能在人类社会的进步与发展过程中起着极其重要的作用,其作为二次能源的应用也越来越广泛。现代人类的日常生活和工农业生产中,越来越多地使用品种繁多的家用电器和电气设备。电能给人们的生活和生产带来了极大的便利。但是它对人类也存在着威胁:电气事故不仅毁坏用电设备,还会引起火灾;供电系统的故障可能导致用电设备的损坏或人身伤亡事故,也可能导致局部或大范围停电,甚至造成严重的社会灾难;触电会造成人员的伤亡。因此,宣传安全用电知识和普及安全用电技能是人们安全合理地使用电能,避免用电事故发生的一大关键。为了保障人身、设备的安全,国家按照安全技术要求颁布了一系列的规定和规程。这些规定和规程主要包括电气装置规程、电气装置检修规程和安操作规程,统称为安全技术规程。

1.1.1 安全用电

1. 安全用电的意义

电一方面造福人类,另一方面又对人类构成威胁。在用电过程中,必须特别注意电气安全,如果稍有麻痹或疏忽,就有可能造成严重的人身触电事故,或者引起火灾或爆炸。其中,触电事故是人体触及带电体的事故,主要是电流对人体造成的危害,是电气事故中最为常见的。

2. 人体触电的基本知识

(1)触电的危害

在日常生活和工作中,人体因触及带电体,受到电压作用造成局部受伤,甚至死亡的现象,称为触电。人体触电时,电流通过人体,就会产生伤害。电流对人体的伤害,按其性质可分为电击和电伤两种。

①电击:指电流通过人体时,对人体内部器官造成的伤害。人体触电时肌肉发生收缩,如果触电者不能迅速摆脱带电部分,电流将持续通过人体,最后因神经系统受到损害,使心脏和呼吸器官停止工作而趋于死亡。所以,电击危险性最大,而且也是经常遇到的一种伤害。

②电伤:指因电弧或熔丝熔断时飞溅的金属微粒等对人体的外部伤害,如烧伤、金属微粒溅伤等。电伤的危险虽不像电击那样严重,但也不容忽视。

(2)电流对人体的伤害程度

人体触电伤害程度与通过人体电流的大小、电流通过人体时间的长短、电流通过人体的部位、通过人体电流的频率、触电者的身体状况等有关。

①电流的大小。通过人体的电流越大,致命危险就越大。以工频电流为例,实验资料表明:当 1 mA 左右的电流通过人体时,会产生麻刺等不舒服的感觉;10 ~ 30 mA 的电流通过人体,会产生麻痹、剧痛、痉挛、血压升高、呼吸困难等症状,但通常不致有生命危险;电流达到 50 mA 以上,就会引起心室颤动而有生命危险;100 mA 以上的电流,足以致人于死地。

②触电时间。电流通过人体的时间越长,会使人体发热和人体组织的电解液成分增加,导致人体电阻降低,反过来又使通过人体的电流增加,触电的危险亦随之增加。即电流通过人体的时间越长,危险也就越大;触电时间超过人体的心脏搏动周期(约 750 ms),或触电正好开始于搏动周期的易损伤期时,危险最大。

③电流路径。触电后电流通过人体的路径不同,伤害程度也不同。最危险的是电流由左手流经胸部,这时心脏直接处于电路中,途径最短,易造成心跳停止。

④电流的种类。电流的类型不同,对人体的损伤也不同。直流电一般引起电伤,而交流电则电伤与电击同时发生,特别是40~100 Hz的交流电对人体最危险。

⑤人体的体质。患有心脏病、内分泌失常、肺病、精神病等的人,触电时最危险。

⑥人体电阻。人的皮肤干燥或者皮肤较厚的部位其电阻比较高。通常人体的电阻在1~100 kΩ范围内变化,人体电阻越大,受电流伤害越轻。细嫩潮湿的皮肤,人体电阻将降到1 kΩ以下。接触的电压升高时,人体电阻会大幅度下降。

(3)人体触电的方式

①单相触电。在低压电力系统中,若人站在地上接触到一根相线,即为单相触电或称单线触电,如图1-1所示,这是常见的触电方式。如果系统中性点接地,则加于人体的电压为220 V,流过人体的电流足以危及生命,如图1-1(a)所示。中性点不接地时,虽然线路对地绝缘电阻可起到限制人体电流的作用,但线路对地存在分布电容、分布电阻,作用于人体的电压为线电压380 V,触电电流仍可达到危及生命的程度,如图1-1(b)所示。人体接触漏电的设备外壳,也属于单相触电,如图1-1(c)所示。

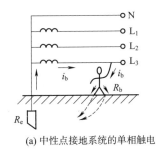

(a) 中性点接地系统的单相触电　　(b) 中性点不接地的单相触电　　(c) 接触漏电设备外壳的单相触电

图1-1　单相触电

②两相触电。人体不同部位同时接触两相电源带电体而引起的触电称为两相触电,如图1-2所示。无论电网中性点是否接地,人体所承受的线电压均比单相触电时要高,危险性更大。

③跨步电压触电。当外壳接地的电气设备绝缘损坏而使外壳带电,或导线断落发生单相接地故障时,电流由设备外壳经接地线、接地体(或由断落导线经接地点)流入大地,向四周扩散,在导线接地点及周围形成强电场,其电位分布以接地点为圆心向周围扩散,一般距接地体20 m远处的电位为零。电流在接地点周围土壤中产生电压降。

图1-2　两相触电

人在接地点周围,两脚之间出现的电位差即为跨步电压。由此造成的触电称为跨步电压触电,如图1-3(a)所示。

在低压380 V的供电网中如果一根线掉在水中或潮湿的地面,在此水中或潮湿的地面上就会产生跨步电压。

在高压故障接地处同样会产生更加危险的跨步电压,所以在检查高压设备接地故障时,室内不得接近故障点4 m以内,室外(土地干燥的情况下)不得接近故障点8 m以内。

一般离接地体 20 m 以外,就不会发生跨步电压触电。

④接触电压触电。电气设备由于绝缘损坏或其他原因造成接故障时,如果人体的两个部分(手和脚)同时接触设备外壳和地面时,人体两部分会处于不同的电位,其电位差即为接触电压,如图 1-3(b)所示。由接触电压造成的触电事故称为接触电压触电。在电气安全技术中,接触电压是以站立在距漏电设备接地点水平距离为 0.8 m 处的人,手触及的漏电设备外壳距地 1.8 m 高时,以手与脚的电压位差 U_T 作为衡量基准,如图 1-3(b)所示。接触电压值的大小取决于人体站立点与接地点的距离,距离越远,则接触电压值越大;当距离超过 20 m 时,接触电压值最大,即等于漏电设备上的电压 U_{Tm};当人体站在接地点与漏电设备接触时,接触电压为零。

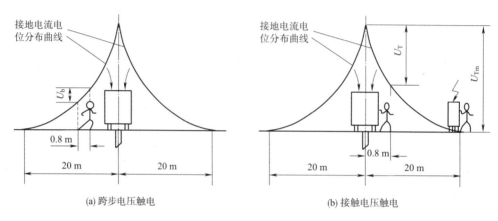

(a) 跨步电压触电   (b) 接触电压触电

图 1-3　跨步电压触电和接触电压触电

接触电压和跨步电压的大小与接地电流、土壤电阻率、设备接地电阻及人体的位置有关。当接地电流较大时,接触电压和跨步电压会超过允许值发生人身触电事故,特别是在发生高压接地故障或雷击时,会产生很高的接触电压和跨步电压。

⑤静电触电。在检修电器或科研工作中,有时发生电器设备虽已断开电源,但在接触设备某些部位时发生触电,这在有高压大容量电容器的情况下有一定的危险。特别是质量好的电容器能长期储存电荷,容易被忽略。

(4)触电原因

触电分为直接触电和间接触电两种情况:直接触电是指人体直接接触或过分接近带电体而触电;间接触电是指人体触及正常时不带电而发生故障时才带电的金属导体。

触电的场合不同,引起触电的原因也不同。常见的触电原因主要有以下几种情况:

①线路架设不合规格。主要表现在:室内外线路对地距离、导线之间的距离小于容许值;通信线、广播线与电力线间隔距离过近或同杆敷设;线路绝缘破损;有的地区为节省电线而采用一线一地制送电等。

②电气操作制度不严格。主要表现在:带电操作,不采取可靠的保安措施;不熟悉电路和电器,盲目修理;救护已触电的人,自身不采用安全保护措施;停电检修,不挂电气安全警示牌;使用不合格的保安工具检修电路和电器;人体与带电体过分接近,又无绝缘措施或屏护措施;在架空线上操作,不在相线上加临时接地线;无可靠的防高空跌落措施;高压线路

落地,造成跨步电压引起对人体的伤害等。

③用电设备不合要求。用电设备不合要求表现在电气设备内部绝缘低或损坏,金属外壳无保护接地措施或接地电阻太大;开关、闸刀、灯具、携带式电器绝缘外壳破损,失去防护作用;开关、熔断器误装在中性线上,一旦断开,就使整个线路带电。

④用电不规范。表现在:违反布线规程,在室内乱拉电线;随意加大熔断器的熔丝规格;在电线上或电线附近晾晒衣物;在电杆上拴牲口;在电线(特别是高压线)附近打鸟、放风筝;在未切断电源时,移动家用电器;打扫卫生时用水冲洗或用湿布擦拭带电器或线路等。

⑤其他偶然因素,如人体受雷击等。

3. 电工安全操作知识

国家有关部门颁布了一系列电工安全规程规范,各地区电业部门及各单位主管部门也对电气安全有明确规定,电工必须认真学习,严格遵守。为避免违章作业引起触电,首先应熟悉以下电工基本的安全操作要点:

①工作前必须检查工具、测量仪表和防护用具是否完好。上岗时必须戴好规定的防护用品,一般不允许带电作业。工作前应详细检查所用工具是否安全可靠,了解场地、环境情况,选好安全工作位置。

②任何电气设备内部未经验明无电时,一律视为有电,不准用手触及。各项电气工作要认真严格执行"装得安全,拆得彻底,检查经常,修理及时"的规定。在线路上、设备上工作时要切断电源,并挂上警告牌,验明无电后才能进行工作。不准无故拆除电气设备上的熔丝及过负荷继电器或限位开关等安全保护装置。机电设备安装或修理完工后在正式送电前必须仔细检查绝缘电阻及接地装置和传动部分的防护装置,使之符合安全检查要求。

③发生触电事故应立即切断电源,并采用安全、正确的方法立即对触电者进行救助和抢救。当电器发生火警时应立即切断电源。在未断电前,应用四氯化碳、二氧化碳或干粉灭火,严禁用水或普通酸碱泡沫灭火器灭火。

④装接灯头时开关必须控制相线。临时线路敷设时应先接地线,拆除时应先拆相线。在使用电压高于 36 V 的手电钻时,必须戴好绝缘手套,穿好绝缘鞋。使用电烙铁时,安放位置不得有易燃物或靠近电气设备,用完后要及时拔掉插头。工作中拆除的电线要及时处理好,带电的线头必须用绝缘带包扎好。

⑤高空作业时应系好安全带,扶梯脚应有防滑措施。登高作业时,工具、物品不准随便向下扔,必须装入工具袋内做吊送式传递。地面上的人员应戴好安全帽,并离开施工区 2 m 以外。

⑥雷雨或大风天气严禁在架空线路上工作。

⑦低压架空带电作业时应有专人保护,使用专用绝缘工具,戴好专用防护用品。低压架空带电作业时,人体不得同时接触两根线头,不得越过未采取绝缘措施的导线之间。在带电的低压开关柜(箱)上工作时,应采取防止相间短路及接地等安全检查措施。

⑧配电间严禁无关人员入内。外单位参观时必须经有关部门批准,由电气工作人员带入。倒闸操作必须由专职电工进行,复杂的操作应由两人进行,一人操作,一人监护。

4. 安全用电的措施

(1)预防直接触电的措施

①绝缘措施。良好的绝缘是保证电气设备和线路正常运行的必要条件,是防止触电事故的重要措施。选用绝缘材料必须与电气设备的工作电压、工作环境和运行条件相适应。不同的设备或电路对绝缘电阻的要求不同。例如,新装或大修后的低压设备和线路,绝缘电阻不应低于 0.5 MΩ;运行中的线路和设备,绝缘电阻要求每伏工作电压 1 kΩ 以上;高压线路和设备的绝缘电阻不低于每伏 1 000 MΩ。

②屏护措施。采用屏护装置,如常用电器的绝缘外壳、金属网罩、金属外壳、变压器的遮拦、护罩、护盖、栅栏等将带电体与外界隔绝开,以杜绝不安全因素。凡是金属材料制作的屏护装置,应妥善接地或接零。

③间距措施。为防止人体触及或过分接近带电体,在带电体与地面间、带电体与其他设备间,应保持一定的安全间距。间距大小取决于电压的高低、设备类型、安装方式等因素。

④漏电保护。漏电保护又称残余电流保护或接地故障电流保护。漏电保护仅能作附加保护而不应单独使用,其动作电流最大不宜超过 30 mA。

⑤使用安全电压。电流通过人体时,人体承受的电压越低,触电伤害就越轻。当电压低于某一定值后,就不会造成触电。这种不带任何防护设备,对人体各部分组织均不造成伤害的电压值,称为安全电压。世界各国对于安全电压的规定:有 50 V、40 V、36 V、25 V、24 V 等,其中以 50 V、25 V 居多。国际电工委员会(IEC)规定安全电压限定值为 50 V,我国规定 12 V、24 V、36 V 三个电压等级为安全电压级别。在湿度大、狭窄、行动不便、周围有大面积接地导体的场所(如金属容器内、矿井内、隧道内等)使用的手提照明,应采用 12 V 的安全电压。凡手提照明器具,在危险环境、特别危险环境的局部照明灯,高度不足 2.5 m 的一般照明灯、携带式电动工具等,若无特殊的安全防护装置或安全措施,均应采用 24 V 或 36 V 安全电压。安全电压的规定是从总体上考虑的,对于某些特殊情况,也不一定绝对安全,所以即使在规定的安全电压下工作,也不可粗心大意。

(2)预防间接触电的措施

①加强绝缘。对电气设备或线路采取双重绝缘,可使设备或线路绝缘牢固,不易损坏。即使工作绝缘损坏,还有一层加强绝缘,不致发生金属导体裸露造成间接触电。

②电气隔离。采用隔离变压器或具有同等隔离作用的发电机,使电气线路和设备的带电部分处于悬浮状态。即使线路或设备的工作绝缘损坏,人站在地面上与之接触也不易触电。

注意:被隔离回路的电压不得超过 500 V,其带电部分不能与其他电气回路或大地相连。

③自动断电保护。在带电线路或设备上采取漏电保护、过流保护、过压或欠压保护、短路保护、接零保护等自动断电措施,当发生触电事故时,在规定时间内能自动切断电源,起到保护作用。

④等电位环境。将所有容易同时接近的裸导体(包括设备外的裸导体)互相连接起来等化其间电位,防止接触电压。等电位范围不应小于可能触及带电体的范围。

(3)使用安全标志

安全标志由安全色、几何图形和图形符号构成,用以表达特定的安全信息。安全标志可提醒人们注意或按标志上注明的要求去执行,是保障人身和设施安全的重要措施,一般设置在光线充足、醒目、稍高于视线的地方。

安全色是表达安全信息含义的颜色,表示禁止、警告、指令、提示等。为了使人们能迅速发现或分辨安全标志和提醒人们注意,国家标准《安全色》(GB 2893—2018)中已规定传递安全信息的颜色。安全色规定为红、蓝、黄、绿4种颜色,其含义及用途为:红色表示禁止、停止或防火;蓝色表示指令必须遵守的规定;黄色表示警告;绿色,表示处于安全状态、通行。

使安全色更加醒目的反衬色称为对比色。国家规定的对比色是黑、白两种颜色。安全色与其对应的对比色是:红-白、黄-黑、蓝-白、绿-白。

黑色用于安全标志的文字、图形符号和警告标志的几何图形。白色作为安全标志红、蓝、绿色的背景色,也可以用于安全标志的文字和图形符号。

《电力工业技术管理法规》中规定电器母线和引下线应涂漆,并要按相分色。其中,第1相(L_1)为黄色;第2相(L_2)为绿色;第3相(L_3)为红色。涂漆的目的是区别相序、防腐蚀和便于散热。

该标准还规定:交流回路中中性线(也称零线)用淡蓝色,接地线用黄-绿双色线;双芯导线或绞合线用红、黑色线并行;直流回路中正极用棕色,负极用蓝色,接地中线用淡蓝色。

国家标准《手持式电动工具的管理、使用、检查和维修安全技术规程》(GB/T 3787—2017)中特别强调在手持式电动工具的电源线中,黄-绿双色线在任何情况下只能用作保护接地线或零线。

(4)采用保护接地和保护接零措施

电气设备内部的绝缘材料因老化或其他原因损坏出现带电部件与设备外壳形成接触,使外壳带电,极易造成人员触及设备外壳而发生触电事故。为防止事故发生,通常采用的技术防护措施有电气设备的低压保护接地和低压保护接零,以及在设备供电线路上安装低压漏电保护开关。

①保护接地。这是将电气设备在正常情况下不带电的金属部分与大地做金属性连接,以保证人身的安全。在中性点不接地的系统中,设备外壳不接地而意外带电时,外壳与大地间存在电压,人体触及外壳时,电流就会经过人体和线路对地阻抗形成回路,发生触电的危险,如图1-4(a)所示。为了避免这种触电危险,应尽量降低人体所能触到的接触电压,应将电气设备的金属外壳与接地体相连接,即保护接地,如图1-4(b)所示。此时,碰壳的接地电流则沿着接地体和人体两条通路流过,流过每一通路的电流值将与其电阻的大小成反比,其接地电阻 R_e 通常小于 $4\ \Omega$,人体电阻 R_b 在恶劣的环境下为 $1\ 000\ \Omega$ 左右,因此,流过人体的电流很小,完全可以避免或减轻触电危害。

保护接地适用于中性点不接地的低压电力系统,如发电厂和变电所中的电气设备实行保护接地,并尽可能使用同一接地体。每一年都要测试接地电阻,确保阻值在规定的范围内。

②保护接零。在中性点接地的电力系统中,将电气设备正常不带电的金属外壳与系统的中性线相连接,这就是人们常说的保护接零,如图1-5所示。当电气设备的某一相因绝缘损坏而发生碰壳短路时,短路电流经外壳和中性线构成闭合回路,由于相线和中性线合成

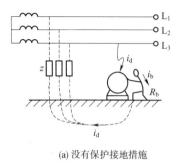

(a) 没有保护接地措施

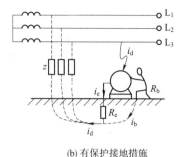

(b) 有保护接地措施

图1-4 中性点不接地的保护接地

电阻很小,所以短路电流很大,立即将熔断器的熔丝熔断或使其他保护装置动作,迅速切断电源,防止触电。

为使保护接零更加可靠,中性线上禁止安装熔断器和单独的开关,以防中性线断开,失去保护接零的作用。

保护接零主要用于 380 V/220 V 及三相四线制电源中性点直接接地的配电系统中。

在图 1-6(a)为没有重复接地,如果中性线断开时,当电气设备发生单相碰壳时,由于设备外壳既未接地,也未接零,其碰壳故障电流较小,不能使熔断器等保护装置动作而及时切除故障点,使设备外壳长期带电,人体一旦触及就会发生触电危险。故必须采用重复接地,即在三相

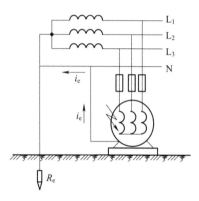

图1-5 保护接零

四线制电力系统中,除将变压器的中性点接地外还必须在中性线上不同处再行接地,即重复接地。重复接地电阻应小于 10 Ω,如图 1-6(b)所示。可见,重复接地可使漏电设备外壳的对地电压降低,也使万一中性线断线时的触电危险减小。

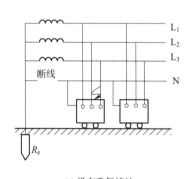

(a) 没有重复接地

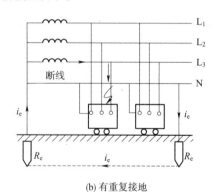

(b) 有重复接地

图1-6 重复接地

注意:在同一个配电系统中,不能同时有一部分设备采用保护接地,而另一部分设备采用保护接零,否则当采用保护接地的设备发生单相接地故障时,采用保护接零的设备外露可导电部分将带上危险的电压,这是十分危险的。保护接零只适用于中性点接地的三相四

线制电力系统,保护接地只适用于中性点不接地的电力系统。

1.1.2 触电急救

人体触电以后,伤害程度严重时会出现神经麻痹、呼吸中断、心脏停止跳动等症状,如果处理及时和正确,则因触电而假死的人有可能获救。所以,触电急救一定要做到动作迅速,方法得当。我国规定电工从业人员必须具备触电急救的知识和技能。

人体一旦发生触电事故,对触电者进行紧急救护的关键是在现场采取积极和正确的措施,以减轻触电者的伤情,争取时间尽最大努力抢救生命,使触电而呈假死状态的人员获救;反之,任何拖延和操作失误都有可能带来不可弥补的后果,电工技术人员必须掌握触电急救技术。

1. 首先要尽快使触电者脱离电源

人体触电后,除特别严重的当场死亡外,经常会暂时失去知觉,形成假死。如果能使触电者迅速脱离电源并采取正确的救护方法,则可以挽救触电者的生命。实验研究和统计结果表明,如果从触电后 1 min 开始救治,则 90% 可以被救活;从触电后 6 min 开始救治,则仅有 10% 的救活的可能性;如果从触电后 12 min 开始救治,则救活的可能性极小。因此,使触电者迅速脱离电源是触电急救的重要环节。

当发现有人触电时,不可惊慌失措,首先应当立即设法使触电者迅速而安全地脱离电源。根据触电现场的情况,通常采用以下几种方法使触电者脱离电源:

①出事地附近有电源开关或插头时,应立即断开开关或拔掉电源插头,切断电源。

②若电源开关远离出事地点,应尽快通知有关部门立即停电。同时,如果触电者穿的是比较宽松的干燥衣服,救护者可站在干燥木板上,用一只手抓住触电者的衣服将其拉离电源(见图 1-7),但切不可触及带电者的皮肤。也可以用绝缘钳或干燥木柄斧子切断电源或用干燥木棒、竹竿等绝缘物迅速将导线挑开,如图 1-8 所示。

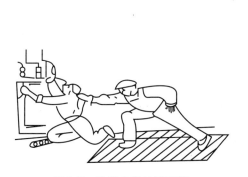

图 1-7 将触电者拉离电源　　　　图 1-8 将触电者身上的电线挑开

③如果是低压触电,可用干燥的衣服、手套、绳索、竹竿、木棒等绝缘物作救护工具,使触电者脱离电源。不得直接用手或其他金属及潮湿的物体作为救护工具。

④对登高工作的触电者,解救时须采取防止摔伤的措施,避免触电者摔下造成更大伤害。

⑤在使触电者脱离电源的过程中,抢救者要防止自身触电。例如,在没有绝缘防护的情况下,切勿用手直接接触触电者的皮肤。

2. 脱离电后的判断

触电者脱离电源后,应迅速判断其症状。根据其受电流伤害的不同程度,采用不同的急救方法。

①判明触电者有无知觉。触电如引起呼吸及心脏颤动、停搏,要迅速判明,立即进行现场抢救。因为过 5 min 大脑将发生不可逆的损害,过 10 min 大脑已死亡。因此,须迅速判明触电者有无知觉,以确定是否需要抢救。可以用摇动触电者肩部、呼叫其姓名等法检查其有无反应,若没有反应,就有可能呼吸、心搏停止,这时应抓紧进行抢救工作。

②判断呼吸是否停止。将触电者移到干燥、宽敞、通风的地方,将衣裤放松,使其仰卧,观察胸部或腹部有无因呼吸而产生的起伏动作,若不明显,可用手或小纸条靠近触电者的鼻孔,观察有无气流流动;或用手放在触电者胸部,感觉有无呼吸动作,若没有,说明呼吸已停止。

③判断脉搏是否搏动。用手检查颈部的颈动脉或腹股沟处的股动脉,看有无搏动,若有,说明心脏还在工作。另外,还可用耳朵贴在触电者心区附近,倾听有无心脏跳动的声音,若有,也说明心脏还在工作。

④判断瞳孔是否放大。瞳孔是受大脑控制的一个自动调节的光圈。如果大脑机能正常,瞳孔可随外界光线的强弱自动调节大小。处于死亡边缘或已死亡的人,由于大脑细胞严重缺氧,大脑中枢失去对瞳孔的调节功能,瞳孔会自行放大,对外界光线强弱不再做出反应。

3. 现场急救

触电者脱离电源之后,应根据实际情况,采取正确的救护方法,迅速进行现场抢救。

(1)对不同情况的救治

①触电者神智尚清醒,但感觉头晕、心悸、出冷汗、恶心、呕吐等,应让其静卧休息,减轻心脏负担。

②触电者神智有时清醒,有时昏迷。这时应一方面请医生救治,一方面让触电者静卧休息,密切注意其伤情变化,做好万一恶化的抢救准备。

③触电者已失去知觉,但有呼吸、心跳。应在迅速请医生的同时,解开触电者的衣领裤带,平卧在阴凉通风的地方。如果出现痉挛,呼吸衰弱,应立即施行人工呼吸,并送医院救治。如果出现"假死",应边送医院边抢救。

④触电者呼吸停止,但心跳尚存,则应对触电者施行人工呼吸;如果触电者心跳停止,呼吸尚存,则应采取胸外心脏挤压法;如果触电者呼吸、心跳均已停止,则必须同时采用人工呼吸法和胸外挤压法施行抢救。

(2)口对口人工呼吸法

人工呼吸法是帮助触电者恢复呼吸的有效方法,只对停止呼吸的触电者使用。在几种人工呼吸方法中,以口对口呼吸法效果最好,也最容易掌握。操作步骤如下:

①先使触电者仰卧,解开衣领、围巾、紧身衣服等,除去口腔中的黏液、血液、食物、假牙等杂物。

②将触电者头部尽量后仰,鼻孔朝天,颈部伸直。救护人一只手捏紧触电者的鼻孔,另一只手掰开触电者的嘴巴,救护人深吸气后,紧贴着触电者的嘴巴大口吹气,使其胸部膨胀;之后救护人换气,放松触电者的嘴鼻,使其自动呼气。如此反复进行,吹气 2 s,放松 3 s,大约 5 s 一个循环。

③吹气时要捏紧触电者鼻孔,用嘴巴紧贴触电者嘴巴,不使漏气,放松时应能使触电者自动呼气。其操作示意如图 1-9 所示。

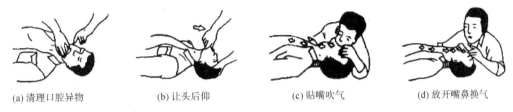

(a) 清理口腔异物　　　(b) 让头后仰　　　(c) 贴嘴吹气　　　(d) 放开嘴鼻换气

图 1-9　口对口人工呼吸法

④如果触电者牙关紧闭,无法撬开,可采取口对鼻吹气的方法。

⑤对体弱者和儿童吹气时用力应稍轻,不可让其胸腹过分膨胀,以免肺泡破裂。当触电者自己开始呼吸时,人工呼吸应立即停止。

(3)胸外心脏挤压法

胸外心脏挤压法是帮助触电者恢复心跳的有效方法。当触电者心脏停止跳动时,有节奏地在胸外廓加力,对心脏进行挤压,代替心脏的收缩与扩张,达到维持血液循环的目的。其操作要领如图 1-10 所示。

①将触电者衣服解开,使其仰卧在硬板上或平整的地面上,找到正确的挤压点。通常是,救护者伸开手掌,中指尖抵住触电者颈部凹陷的下边缘,手掌的根部就是正确的压点,见图 1-10(a)所示。

②救护人跪跨在触电者腰部两侧的地上,身体前倾,两臂伸直,两手相叠(左手掌压在右手臂上),以手掌根部放至正确压点,见图 1-10(b)所示。

③掌根均衡用力,连同身体的重量向下挤压,压出心室的血液,使其流至触电者全身各部位。压陷深度为成人 3 ~ 5 cm,如图 1-10(c)所示。对儿童用力要轻,太快太慢或用力过轻过重,都不能取得好的效果。

④挤压后掌根突然抬起,如图 1-10(d)所示,依靠胸廓自身的弹性,使胸腔复位,血液流回心室。重复③、④步骤,每分钟 60 次左右为宜。

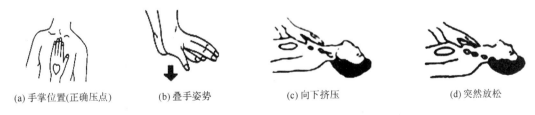

(a) 手掌位置(正确压点)　　　(b) 叠手姿势　　　(c) 向下挤压　　　(d) 突然放松

图 1-10　胸外心脏挤压法

总之,使用胸外心脏挤压要注意压点正确,下压均衡,放松迅速,用力和速度适宜,要坚持做到心跳完全恢复。如果触电者心跳和呼吸都已停止,则应同时进行胸外心脏挤压法和人工呼吸。一人救护时,两种方法可交替进行;两人救护时,两种方法应同时进行,但两人必须配合默契。

技能训练 常用触电急救方法的观察与操作训练

1. 训练目标

①学会根据触电者的触电症状,选择合适的急救方法。

②掌握两种常用触电急救方法:口对口人工呼吸法和胸外心脏挤压法的操作要领。

2. 器材与工具

口对口人工呼吸法和胸外挤压法多媒体教学视频,棕垫、医用纱布。

3. 训练指导

(1)观看现场急救的视频

组织学生在多媒体教室,观看口对口人工呼吸法和胸外挤压法视频。

(2)口对口人工呼吸法模拟训练

①以一人模拟停止呼吸的触电者,另一人模拟施救人。"施救人"将"触电者"仰卧于棕垫上,宽松衣服,再将颈部伸直,头部尽量后仰,掰开口腔。

②"施救人"位于模拟"触电者"头部一侧,将靠近头部的一只手捏住"触电者"的鼻子,并将这只手的外缘压住额部,另一只手托其颈部,将颈上抬,使头部自然后仰。

③"施救人"深呼吸后,用嘴紧贴模拟"触电者"的嘴(中间垫一层纱布)吹气。

④吹气至模拟"触电者"要换气时,应迅速离开模拟"触电者"的嘴,同时放开捏紧的鼻孔,让其自动向外呼气。

按照上述步骤反复进行,对模拟触电者每分钟吹气15次左右。

以上模拟训练两人一组,交换进行,认真体会操作要领。

(3)胸外心脏挤压法模拟训练

①将模拟"触电者"仰卧在硬板上或平整的硬地面上(课堂练习时可仰卧在棕垫上),解松衣裤,"施救人"跪跨在模拟"触电者"腰部两侧。

②"施救人"将一只手的掌根按于触电者胸骨以下三分之一处,中指指尖对准颈根凹陷下边缘,另一只手压在那只手的背上呈两手交叠状,肘关节伸直,向模拟"触电者"脊柱方向慢慢压迫胸骨下段,使胸廓下陷3~4 cm。

③双掌突然放松,使胸腔复位。放松时,交叠的两掌不要离开胸部。

重得②、③步骤,每分钟60次左右,挤压时间和放松时间大体一样。

以上模拟训练两人一组,交换进行,认真体会操作要领。

4. 注意事项

①为增加可操作性,本训练若有条件可用假人进行模拟训练,也可通过多媒体演示等电化教学手段来替代,增强直观性。

②在训练时应听从指导教师的现场指导,以免因操作不规范而使模拟"触电者"受到伤害。

③进行胸外心脏挤压法模拟训练时,挤压位置和手势必须正确,下压时要有节奏,不能太用力,以免造成模拟"触电者"胸部骨骼损伤。

4.作业记录

①写出"口对口人工呼吸法"急救方法操作要点。

②写出"胸外心脏挤压法"急救方法操作要点。

思考练习题

①人体触电有哪几种类型? 试比较其危害程度。

②电流对人体的伤害与哪些因素有关?

③触电方式有哪些?

④什么是安全电压? 我国规定的 12 V、24 V、36 V 安全电压各适用于哪些场合?

⑤常见的触电原因有哪些? 怎样预防触电?

⑥安全用电要注意哪些事项? 在日常生活中,应如何注意安全用电?

⑦什么是保护接地? 什么是保护接零? 保护接地和保护接零是如何起到人身安全作用的?

⑧哪些电气设备的金属外壳要接地或接零?

⑨为什么在电源中性线上不允许安装开关或熔断器?

⑩发现有人触电,怎样使触电者尽快脱离电源? 触电者脱离电源后,如何进行正确的救护?

⑪口对口人工呼吸法在什么情况下使用? 简述其操作要领。

⑫胸外心脏挤压法在什么情况下使用? 简述其操作要领。

任务 1.2　电气火灾的扑救技能训练

电气火灾和由电引起的爆炸都是危害性极大的灾难性事故,其特点是来势凶猛,蔓延迅速,既可能造成人身伤亡,设备、线路和建筑物的重大破坏,还可能造成大规模长时间停电,给国家财产造成重大损失。雷电是一种自然现象,它产生的强电流、高电压、高温、高热具有很大的破坏力和多方面的破坏作用,给电力系统、人类造成严重灾害。所以,有必要分析引起电气火灾、爆炸、雷电产生的原因并做好预防措施。

相关知识　电气防火、防爆及防雷电

1.2.1　电气防火和防爆

1.引起电气火灾的主要原因

由电气设备(或线路)故障引起的火灾和爆炸,称为电气火灾事故或电气爆炸事故。由

于不同的电气设备的结构、运行各有特点,引起火灾和爆炸的原因也不相同,但总的来说电流的热量和放电火花或电弧是引起电气火灾和爆炸的直接原因。

（1）危险温度

电气设备在运行时是要发热的,但是设备在安装和正常运行状态中,发热量和设备散热量处于平衡状态,设备的温度不会超过额定条件规定的允许值,这是设备的正常发热。当电气设备正常运行遭到破坏时,设备可能过度发热,出现危险温度可能导致火灾。

造成危险温度的原因有以下几种:

①设备或线路发生短路故障。电气设备由于绝缘损坏、电路年久失修、疏忽大意、操作失误及设备安装不合格等将造成短路故障,其短路电流可达正常电流的几十倍甚至上百倍,产生的热量（正比于电流的平方）使温度急剧上升。

②过载。设备或导线长时间过负荷运行,因电流过大,也可能引起过度发热。

③接触不良引起过热。例如,接头连接不牢或不紧密、动触点压力过小等使接触电阻过大,在接触部位会发生过热。

④通风散热不良。大功率设备缺少通风散热设施或通风散热设施损坏造成过热。

⑤电热器件使用不当。例如,电炉、电熨斗、电烙铁等未按要求使用,或用后忘记断开电源,会引起过热。

（2）电火花和电弧

一般电火花和电弧的温度都很高,电弧的温度可高达6 000 ℃,不仅能引起可燃物质燃烧,还能使金属熔化飞溅,引起火灾。因此,在有火灾和爆炸危险的场所,电火花和电弧是很危险的着火源。

电火花和电弧包括工作电火花和电弧与事故电火花和电弧两类。

①工作电火花和电弧是电气设备正常工作和操作过程中产生的,如开关分合操作的电火花、电动机的电刷与滑环间跳火、电焊机工作时的电弧等。

②事故电火花和电弧是电气或线路发生故障时产生的电弧或火花,如发生短路或接地故障时的电弧、断线时产生的电弧、绝缘子闪络或雷电产生的火花或电弧等。

此外,电动机转子和定子发生摩擦等由碰撞产生机械性质的火花;灯泡破碎时,炽热的灯丝也有产生火花的危险。

（3）易燃易爆物质

日常生活和生产的各个场所中,广泛存在着易燃易爆物质。例如,石油液化气、煤气、天然气、汽油、柴油、酒精、棉、麻、化纤织物、木材、塑料等;一些设备本身可能会产生易燃易爆物质,如设备的绝缘油在电弧作用下分解和气化,喷出大量油雾和可燃气体;酸性电池排出氢气并形成爆炸性混合物等。

一旦这些易燃易爆物质遇到电气设备和线路故障导致的电火花或电弧,便会立刻着火燃烧,甚至爆炸。

2. 电气火灾的防护措施

电气火灾的形成,从外界因素来说是周围存在着易燃易爆物质;从内因来说是电气设备的发热或电火花、电弧充当了着火源,具备了燃烧的条件。要防止电气火灾和爆炸的发生,基本出发点就是阻止燃烧要素的形成,或防止其相互作用。

电气火灾的防护措施主要致力于消除隐患、提高用电安全,具体措施如下:

(1)正确选用保护装置,防止电气火灾发生

对正常运行条件下可能产生电热效应的设备采用隔热、散热、强迫冷却等结构,并注重耐热、防火材料的使用。按规定要求设置包括短路、过载、漏电保护设备的自动断电保护。对电气设备和线路正确设置接地、接零保护,为防雷电安装避雷器及接地装置,根据使用环境和条件正确设计选择电气设备。恶劣的自然环境和有导电尘埃的地方应选择有抗绝缘老化功能的产品,或增加相应的措施;对易燃易爆场所则必须使用防爆电气产品。

(2)正确安装电气设备,防止电气火灾发生

①合理选择安装位置。对于爆炸危险场所,应该考虑把电气设备安装在爆炸危险场所以外或爆炸危险性较小的部位。开关、插座、熔断器、电热器具、电焊设备和电动机等应根据需要,尽量避开易燃物或易燃建筑构件。

②保持必要的防火距离。对于在正常工作时能够产生电弧或电火花的电气设备,应使用灭弧材料将其全部隔围起来,或将其与可能被引燃的物料,用耐弧材料隔开或与可能引起火灾的物料之间保持足够的距离,以便安全灭弧。

安装和使用有局部热聚焦或热集中的电气设备时,在局部热聚焦或热集中的方向与易燃物料,必须保持足够的距离,以防引燃。

电气设备周围的防护屏障材料,必须能承受电气设备产生的高温(包括故障情况下)。应根据具体情况选择不可燃、阻燃材料或在可燃性材料表面喷涂防火涂料。

(3)保持电气设备的正常运行,防止电气火灾发生

正确使用电气设备,是保证电气设备正常运行的前提,因此应按设备使用说明书的规定操作电气设备,严格执行操作规程;保持电气设备的电压、电流、温升等不超过允许值;保持各导电部分连接可靠,接地良好;保持电气设备的绝缘良好;保持电气设备的清洁,通风良好。

3. 扑灭电气火灾的方法

(1)切断电源

电气火灾与一般火灾的不同之处,一是火源有电,对在场人员有触电危险;二是充油设备在大火烘烤下有爆炸危险。发生电气火灾时,应立即拨打119火警电话报警,向公安消防部门求助。扑救电气火灾时注意触电危险,为此要及时切断电源,通知电力部门派人到现场指导和监护扑救工作。

切断电源时的安全要求如下:

①出现火灾时,由于烟熏火烤,开关设备绝缘能力降低,操作时应使用绝缘工具,防止触电。

②严格遵守倒闸操作顺序的规定,防止忙乱中发生误操作,扩大事故。

③必要时切断低压电源可用电工钳剪断电源线。剪断带电导线时应穿绝缘鞋,使用绝缘工具,断线点应选择在电源侧支撑物附近,防止带电端导线落地造成短路或触碰人体,剪不同相的导线时,应分别剪断,并使各相断口间保持一定距离。

④夜间扑灭火灾时,应注意断电后的照明措施,避免断电影响灭火工作。

在切断电源后即可采用常规的灭火法灭火。

（2）带电灭火

有时为了争取有利的灭火时机，来不及断电，或因其他原因不能切断电源时，需要带电灭火。带电灭火的安全注意事项如下：

①正确选用不导电灭火器。二氧化碳灭火器、1121 灭火器和干粉灭火器都不是导电的，可用于带电灭火，但注意人员及灭火器与带电体保持安全距离。泡沫灭火器和酸碱灭火器有一定的导电性，且对电气设备绝缘有污染，不应用于带电灭火。

②用水带电灭火时，因为含杂质的水有导电性，不宜用直流式水枪，以免直流式水枪喷出的水柱泄漏电流过大造成人员触电。一般使用喷雾水枪，在水的压力足够大时，喷出的水柱充分雾化，可大大减小水柱的泄漏电流。为了保证经水柱通过人体的电流不超过感知电流，不但对水枪雾化程度有要求，水枪的喷嘴与带电体间还应保持足够的距离：10 kV 及以下者不小于 0.7 m；35 kV 及以下者不小于 1 m；110 kV 及以下者不小于 3 m；220 kV 不应小于 5 m。同时，应将水枪喷嘴接地；操作人员应穿戴绝缘靴和绝缘手套；带电灭火必须有人监护。

火场上空有架空线路经过时，人不应站在架空导线下方附近，以防断线落地时造成触电。如遇带电导线断落地面，要划出一定的警戒区，防止跨步电压触电。

（3）充油设备灭火

绝缘油是可燃液体，受热气化还可能形成很大的压力造成充油设备爆炸。因此，充油设备着火有更大的危险性。

充油设备外部着火时，可用不导电灭火剂带电灭火。如果充油设备内部故障起火，则必须立即切断电源，用冷却灭火法和窒息灭火法使火焰熄灭，即使在火焰熄灭后，还应持续喷洒冷却剂，直到设备温度降至绝缘油闪点以下，防止高温使油气重燃造成更大事故。

如果充油设备的油箱已经破裂，燃油外泄，可用泡沫灭火器或黄沙扑灭地面和储油池内的燃油，注意采取措施防止燃油蔓延。

1.2.2 防雷电

雷电是一种自然现象，它产生的强电流、高电压、高温、高热具有很大的破坏力和多方面的破坏作用。例如，对建筑物或电力调度的破坏、对人畜的伤害、引起大规模停电、造成火灾或爆炸等。雷击的危害是严重的，所以必须具有一定的防护常识。

1. 雷电形成与活动规律

雷鸣与闪电是大气层中强烈的放电现象。雷云在形成过程中，由于摩擦、冻结等原因，积累起大量的正电荷或负电荷，产生很高的电位。当带有异性电荷的雷云接近到一定程度时，就会击穿空气而发生强烈的放电。强大的放电电流伴随高温、高热，发出耀眼的闪光和震耳的轰鸣。

雷电在我国的活动比较频繁，总的规律：南方比北方多，山区比平原多，陆地比海洋多，热而潮湿的地方比冷而干燥的地方多，夏季比其他季节多。在同一地区，凡是电场分布不均匀、导电性能较好、容易感应出电荷、云层容易接近的部位或区域，更容易引雷而导致雷击。

一般来说，下列物体或地点容易受到雷击。

①空旷地区的孤立物体、高于20 m的建筑物(如水塔、宝塔、尖形屋顶、烟囱、旗杆、天线、输电线路杆等),在山顶行走的人畜也易遭受雷击。

②金属结构的屋面、砖木结构的建筑物。

③特别潮湿的建筑物、露天放置的金属物。

④排放导电尘埃的厂房、排废气的管道和地下水出口、烟囱冒出的热气(含有大量导电质点、游离态分子)。

⑤金属矿床、河岸、山谷风口处、山坡与稻田接壤的地段、土壤电阻率小或电阻率变化大的地区。

2. 防雷电常识

雷击是一种自然灾害,对人类的生产、生活安全构成很大的威胁。对重要设施安装避雷针、避雷线、避雷网、避雷器等,固然可以减少雷电的危害,但人们不可能总是置身于避雷装置的保护之下。因此,具备一定的防雷知识是非常必要的。

①为防止感应雷和雷电侵入波沿架空线进入室内,应将进户线最后一根支承物上的绝缘子铁脚可靠接地,在进户线最后一根电杆上的中性线应加重复接地线。

②雷雨时,应关好室内门窗,以防球形雷飘入;不要站在窗前或阳台上、有烟囱的灶前;应离开电力线、电话线、无线电天线1.5 mm以外。

③雷雨时,不要洗澡、洗头,不要待在厨房、浴室等潮湿的场所。

④雷雨时,不要使用家用电器,应将电器的电源插头拔下,以免雷电沿电源线侵入电器内部,击毁电器,危及人身安全。

⑤雷雨时,不要停留在山顶、湖泊、河边、沼泽地、游泳池等易受雷击的地方;最好不用带金属柄的雨伞;几个人同行,要相距几米,分散避雷。

⑥雷雨时,不能站在孤立的大树、电杆、烟囱和高墙下,不要乘坐敞篷车和骑自行车。避雨应选择有屏蔽作用的建筑或物体,如汽车、电车、混凝土房屋等。

⑦如果有人遭到雷击,应迅速冷静地处理。即使雷击者心跳、呼吸均已停止,也不一定是死亡,应不失时机地进行人工呼吸和胸外心脏挤压,并送医院抢救。

技能训练　使用灭火器灭火演练

1. 训练目标

掌握常用灭火器的使用方法,学会使用灭火器灭火,以达到在火情发生时能沉着冷静,扑灭火焰。

2. 器材与工具

模拟着火设备、干粉灭火器、绝缘防护用具。

3. 训练指导

①在有确切安全保障和防止污染的前提下点燃一盆明火,作为模拟的电气火灾现场。

②使用干粉灭火器灭火。

◆ 点燃模拟着火设备中的火焰。

◆ 手提或肩扛灭火器快速奔赴火场,在距燃烧处5 m左右,放下灭火器。

注意:着火点如果在室外,应选择在上风方向喷射灭火。

◆ 用灭火器进行灭火。使用的干粉灭火器若是外挂式储气瓶,操作者应一手紧握喷枪,另一只手提起储气瓶上的开启提环。

如果储气瓶的开启是手轮式的,则按逆时针方向旋开,并旋到最高位置,随即提起灭火器。当干粉喷出后,迅速对准火焰的根部扫射。干粉灭火器若是内置式储气瓶或者是储压式,操作者应先将开启把上的保险销拔下,然后握住喷射软管前端嘴根部,另一手将开启压把压下,打开灭火器进行喷射灭火。有喷射软管的灭火器或储压式灭火器在使用时,一手应开始压下压把不能放开,否则会中断喷射。

注意:用干粉灭火器扑救可燃、易燃液体火灾时,应对准火焰的根部扫射。被扑救的液体火灾呈流淌燃烧时,应对准火焰根部由近而远,并左右扫射,直至把火焰全部扑灭。如果可燃液体在容器中燃烧,应对准火焰根部左右晃动扫射,使喷射出的干粉覆盖整个容器开口表面;当火焰被赶出容器时,仍应继续喷射,直至将火焰全部扑灭。在扑救容器内可燃液体火灾时,应注意不能将喷嘴直接对准液面喷射,防止喷流的冲击力使可燃液体溅出而扩大火势,造成灭火困难。如果可燃液体在金属容器中燃烧时间过长,容器的壁温已高于扑救可燃液体的自燃点,此时极易造成灭火后再复燃的现象,若与泡沫类灭火器联用,则灭火效果更佳。

4. 作业记录

①记下干粉灭火器的规格型号、主要参数。

②写出干粉灭火器的使用方法。

思考练习题

①电气火灾的防护措施有哪些? 如何施时行电气火灾的扑救?

②如何进行电气防爆?

③雷电的危害有哪些? 雷雨时,为防止雷击,在户内、户外各应注意哪些问题?

项目 2

电工基本操作技能训练

项目内容

- ✦ 常用电工工具的用途、规格及使用技能训练。
- ✦ 电工测量的基础知识。
- ✦ 万用表、电流表、电压表和功率表的使用技能训练。

项目目标

- ✦ 熟悉常用电工工具的结构和用途。
- ✦ 掌握常用电工工具的使用方法,并能正确地使用常用电工工具。
- ✦ 了解电工测量的基础知识、电工仪表的分类、面板符号的意义及仪表的工作原理。
- ✦ 掌握常用电工仪表的使用方法。
- ✦ 能正确地选择仪表,熟练、规范地使用常用电工仪表测量相关物理量。

任务 2.1 常用电工工具使用技能训练

古人云:"工欲善其事,必先利其器",是讲工具的重要性,电工操作离不开工具,工具质量不好或使用方法不当,会直接影响操作质量和工作效率,甚至会造成生产事故。正确地使用和保养好工具对提高工作效率和安全生产具有重要的意义。

相关知识 电工工具的结构、用途和使用方法

2.1.1 常用电工工具

电工通用工具是指一般专业电工经常使用的工具。对电气操作人员而言,能否熟悉和掌握电工工具的结构、性能、使用方法和规范操作,将直接影响工作效率和工作质量以及人

身安全。

1. 钢丝钳

钢丝钳又称克丝钳、老虎钳,简称钳子,是电工使用最频繁的工具。

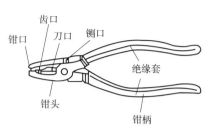

图 2-1 钢丝钳的结构

电工使用的钢丝钳由钳头和钳柄两部分组成。钳头包括钳口、齿口、刀口、铡口四部分,其结构如图 2-1 所示。钳柄是带绝缘的手柄,一般钢丝钳的绝缘护套耐压为 500 V,所以只能适应于低压带电设备使用。

钳口可用来钳夹和弯绞导线;齿口可代替扳手来拧小型螺母;刀口可用来剪切电线、掀拔铁钉;铡口可用来铡切钢丝等硬金属丝。它们的用途如图 2-2 所示。

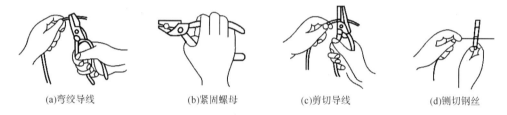

(a)弯绞导线　　　(b)紧固螺母　　　(c)剪切导线　　　(d)铡切钢丝

图 2-2 钢丝钳的结构用途

使用钢丝钳应注意的事项:

①使用前,必须检查其绝缘柄,确定绝缘状况良好,否则,不得带电操作,以免发生触电事故。

②用钢丝钳剪切带电导线时,必须单根进行,不得用刀口同时剪切相线和中性线或者两根相线,以免造成短路事故。并且,手与钢丝钳的金属部分保持 2 cm 以上的距离。

③使用钢丝钳时要刀口朝向内侧,便于控制剪切部位。

④不能用钳头代替手锤作为敲打工具,以免变形。钳头的轴销应经常加机油润滑,保证其开闭灵活。

⑤根据不同用途,选用不同规格的钢丝钳,一般钢丝钳有 150 mm、175 mm、200 mm 三种规格。

2. 尖嘴钳

尖嘴钳的头部尖细,外形如图 2-3 所示。尖嘴钳适用于狭小的工作空间或带电操作低压电气设备。钳头用于夹持较小螺钉、垫圈、导线和把导线端头弯曲成所需形状;小刀口用于剪断细小的导线、金属丝等。电工用尖嘴钳采用带绝缘手柄的耐酸塑料套管,耐压 500 V 以上。尖嘴钳的规格有 130 mm、160 mm、180 mm、200 mm 四种规格。

图 2-3 尖嘴钳

使用尖嘴钳时应注意的事项:

①绝缘手柄损坏时,不可用来切断带电导线。

②为了使用安全,手离金属部分的距离应不小于 2 cm。

③钳头部分尖细,又经过热处理,钳夹物不可太大,用力切勿太猛,以防损坏钳头。

④尖嘴钳使用后应清洗干净,钳轴要经常加油,以防生锈。

3. 斜口钳

斜口钳又称断线钳,其头部扁斜,电工用斜口钳的钳柄采用绝缘柄,外形如图 2-4 所示,其耐压等级为 1 000 V。

斜口钳专门用来剪断较粗的金属丝、线材及电线电缆等。

4. 剥线钳

剥线钳用来剥削直径 3 mm 及以下的绝缘导线的塑料或橡胶绝缘层,其外形如图 2-5 所示,它由钳口和手柄两部分组成。剥线钳钳口分为 0.5 ~ 3 mm 的多个直径切口,用于不同规格线芯的剥削。使用时应使切口与被剥削导线芯线直径相匹配,切口过大难以剥离绝缘层,切口过小会切断芯线。剥线钳手柄装有绝缘套。

图 2-4　斜口钳

图 2-5　剥线钳

5. 电工刀

电工刀是用来剖削和切割电工器材的常用工具,其外形如图 2-6 所示。

电工刀的刀口磨制成单面呈圆弧状的刃口,刀刃部分锋利一些。在剖削电线绝缘层时,可把刀略微向内倾斜,用刀刃的圆角抵住线芯,刀口向外推出。这样既不易削伤线芯,又可防止操作者受伤。

使用电工刀时要注意的事项:

①使用电工刀时切勿用力过大,以免不慎划伤手指和其他器具。

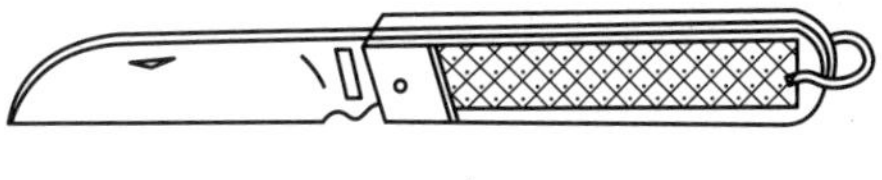

②使用电工刀时,刀口应朝外操作,切忌把刀刃垂直对着导线切割绝缘,以免削伤线芯。

图 2-6　电工刀

③一般电工刀的手柄不绝缘,因此严禁用电工刀带电操作。

6. 扳手

扳手是用于螺纹连接的一种手动工具,种类和规格很多。有活扳手和其他常用扳手。

(1)活扳手的结构和规格

活扳手是用来紧固和松动螺母的一种专用工具。它由头部和柄部组成,头部由活扳唇、呆扳唇、扳口、蜗轮和轴销等组成,如图 2-7 所示,旋动蜗轮可调节扳口的大小。规格用长度×最大开口宽度(单位:mm)来表示,电工常用的活扳手有 150×19(6 in)、200×24(8 in)、250×30(10 in)和 300×36(12 in)等 4 种。

扳动大螺母时,需用较大力矩,手应握在靠近柄尾处。扳动小螺母时,需用力矩不大,但螺母过小则易打滑,因此手应握在接近头部的地方,并且可随时调节蜗轮,收紧活板唇,防止打滑。活扳手不可反用,也不可用钢管接长手柄来施加较大的扳拧力矩。活扳手不得当作撬棒或手锤使用。

图 2-7　活扳手

（2）其他常用扳手

其他常用扳手有呆扳手、梅花扳手、两用扳手、套筒扳手和内六角扳手等。呆扳手:又称死扳手,其开口宽度不能调节,有单端开口和两端开口两种形式,分别称为单头扳手和双头扳手。单头扳手的规格是以开口宽度表示,双头扳手的规格是以两端开口宽度(单位:mm)表示,如 8×10、32×36 等。

①梅花扳手。梅花扳手是双头形式,它的工作部分为封闭圆,封闭圆内分布了 12 个可与六角头螺钉或螺母相配的牙型,它适应于工作空间狭小、不便使用活扳手和呆扳手的场合,其规格表示方法与双头扳手相同。

②两用扳手。两用扳手的一端与单头扳手相同,另一端与梅花扳手相同,两端适用同一规格的六角头螺钉或螺母。

③套筒扳手。套筒扳手是由一套尺寸不同的梅花套筒头和一些附件组成,可用在一般扳手难以接近螺钉和螺母的场合。

④内六角扳手。用于旋动内六角螺钉,其规格以六角形对边的尺寸来表示,最小的规格为 3 mm,最大的规格为 27 mm。

7. 螺　丝　刀

螺丝刀是用来紧固或拆卸带槽螺钉的常用工具。螺丝刀按头部形状不同,有一字形和十字形两种,如图 2-8 所示。

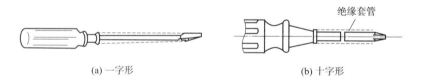

(a) 一字形　　　　　　　　　　　　　　(b) 十字形

图 2-8　螺钉旋具

一字形螺丝刀用来紧固或拆卸带一字槽的螺钉,其规格用柄部以外的体部长度表示,电工常用的有 50 mm、150 mm 两种。

十字形螺丝刀是专供紧固或拆卸带十字槽螺钉的,其长度和十字头大小有多种,按十字头的规格分为 4 种型号:1 号适用的螺钉直径为 2 ~ 2.5 mm,2 号为 3 ~ 5 mm,3 号为 6 ~ 8 mm,4 号为 10 ~ 12 mm。

另外,还有一种组合式螺丝刀,它配有多种规格的一字头和十字头,螺丝刀可以方便更换,具有较强的灵活性。

使用螺丝刀应注意的事项:

①螺丝刀是电工最常用的工具之一,使用时应选择带绝缘手柄的螺丝刀,使用前先检查绝缘是否良好。

②电工不得使用金属杆直通柄顶的螺丝刀,否则容易造成触电事故。

③为了避免螺丝刀的金属杆触及皮肤或邻近的带电体,应在金属杆上套绝缘管。

④螺丝刀在使用时应该使头部顶牢螺钉槽口,防止打滑而损坏槽口。

⑤螺丝刀的头部形状和尺寸应与螺钉尾槽的形状和大小相匹配,严禁用小螺丝刀去拧大螺钉,或用大螺丝刀拧小螺钉;更不能将其当凿子使用。

8. 验 电 器

（1）低压验电器

低压验电器又称试电笔,是用来检验导线、电器和电气设备是否带电的一种常用工具,检测范围为 60 ~ 500 V,有钢笔式、旋具式和组合式多种。

低压验电器由笔尖、降压电阻、氖管、弹簧、笔尾金属体等部分组成,如图 2-9 所示。

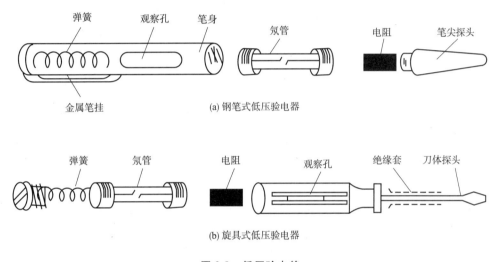

图 2-9　低压验电笔

使用低压验电器时,必须按照图 2-10 所示的握法操作。注意手指必须接触笔尾的金属体（钢笔式）或测电笔顶部的金属螺钉（旋具式）。这样,只要带电体与大地之间的电位差超过 50 V 时,电笔中的氖泡就会发光。

(a) 钢笔式握法

(b) 旋具式握法

图 2-10　低压验电器的握法

使用低压验电器时要注意的事项:

①使用前,先要在有电的导体上检查电笔是否正常发光,检验其可靠性。

②在明亮的光线下往往不容易看清氖泡的辉光,应注意避光。

③电笔的笔尖虽与螺丝刀形状相同,但只能承受很小的扭矩,不能像螺丝刀那样使用,否则会损坏。

④低压验电器可以用来区分相线和中性线,氖泡发亮的是相线,不亮的是中性线。低压验电器也可用来判别接地故障,如果在三相四线制电路中发生单相接地故障,用电笔测试中性线时,氖泡会发亮;在三相三线制线路中,用电笔测试三根相线,如果两相很亮,另一相不亮,则这相可能有接地故障。

⑤低压验电器可用来判断电压的高低。氖泡越暗,则表明电压越低;氖泡越亮,则表明

电压越高。

（2）高压验电器

高压验电器又称高压测电笔，主要类型有发光型高压验电器、声光型高压验电器。发光型高压验电器由握柄、护环、紧固螺钉、氖管窗、氖管和金属探针（钩）等部分组成。图 2-11 所示为发光型 10 kV 高压验电器。

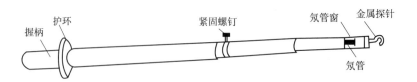

图 2-11　10 kV 高压验电器

使用高压验电器应注意的事项：

①使用前首先确定高压验电器额定电压必须与被测电气设备的电压等级相适应，以免危及操作者人身安全或产生误判。

②验电时操作者应戴绝缘手套，手握在护环以下部分，同时设专人监护。

同样应在有电设备上先验证验电器性能完好，然后再对被验电设备进行检测。注意操作中是将验电器渐渐移向设备，在移近过程中若有发光或发声指示，则立即停止验电。高压验电器验电时的握法如图 2-12 所示。

③使用高压验电器时，必须在气候良好的情况下进行，以确保操作人员的安全。

④验电时人体与带电体应保持足够的安全距离，10 kV 以下的电压安全距离应为 0.7 m 以上。

⑤验电器应每半年进行一次预防性试验。

9. 手电钻

手电钻是一种电动工具，其作用是对工件钻孔。它主要由电动机、钻夹头、手柄等组成，如图 2-13 所示。

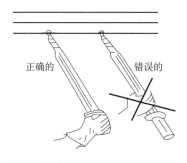

图 2-12　高压验电器验电时的握法

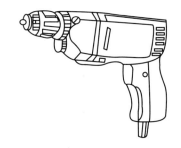

图 2-13　手电钻

使用手电钻应注意的事项：

①使用前要选用合适的钻头，并用专用钥匙将钻头紧固在卡头上。安装钻头时，不许用锤子或其他金属制品物件敲击，手拿电动工具时，必须握持工具的手柄，不要一边拉软导

线,一边搬动工具,要防止软导线擦破、割破和被轧坏等。

②开始使用时,不要手握电钻去接电源,应将其放在绝缘物上再接电源,用试电笔检查外壳是否带电,按一下开关,让电钻空转一下,检查转动是否正常,并再次验电。

③钻孔时不宜用力过大过猛,以防止工具过载;转速明显降低时,应立即把稳,减少施加的压力;突然停止转动时,必须立即切断电源。

④较小的工件在被钻孔前必须先固定牢固,这样才能保证钻孔时工件不随钻头旋转,保证作业者的安全。

⑤电源线和外壳接地线应用橡套软线,外壳应可靠接地。操作人员应戴绝缘手套或穿绝缘鞋,站在绝缘垫上或干燥的木板、木凳上。操作人员禁止戴线手套。

⑥外壳的通风口(孔)必须保持畅通;必须注意防止切屑等杂物进入机壳内。

10. 冲 击 钻

冲击钻也是一种电动工具,其外形如图2-14所示。它具有两种功能:一是可作为普通电钻使用,使用时应把调节开关调到标记为"钻"的位置;二是其可用来冲打砌块和砖墙等建筑面的膨胀螺钉孔和导线过墙孔,此时应调至标记为"锤"的位置。冲击钻的头部有钻头,内部装有单相整流子电动机、靠旋转来钻孔的手持电动工具。普通钻装上通用麻花钻仅靠旋转就能在金属上钻孔。冲击钻采用旋

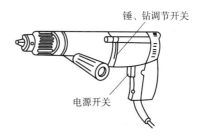

图 2-14　冲击钻

转带冲击的工作方式,一般带有调节开关,当调节开关在旋转带冲击即"锤"的位置时,装有镶有硬质合金的钻头,便能在混凝土和砖墙等建筑构件上钻孔。通常可冲直径为 6 ～ 16 mm 的圆孔。

冲击钻使用应注意的事项:

①长期搁置不用的冲击钻,使用前必须用500 V兆欧表(也称绝缘电阻表)测定其相对绝缘电阻,其值不小于0.5 MΩ。

②使用金属外壳冲击钻时,必须戴绝缘手套、穿绝缘鞋或站在绝缘板上,以确保操作人员的人身安全。

③在调速或调挡时,应使冲击钻停转后再进行。

④在钻孔时遇到坚实物不能加过大压力,以防钻头或冲击钻因过载而损坏。冲击钻因故突然堵转时,应立即切断电源。

⑤在钻孔时应经常把钻头从钻孔中拔出以便排除钻屑。

2.1.2　其他工具

1. 电 烙 铁

电烙铁是手工焊接的主要工具。其结构的主要部分是烙铁头(传热元件)和烙铁芯(发热元件)。烙铁头由导热性良好且容易沾锡的紫铜做成;烙铁芯是将电阻丝绕制在云母或瓷管绝缘筒上制成,通电后烙铁头由烙铁芯所加热。

根据电烙铁的结构和传热方式的不同,可分为外热式、内热式和速热式3种,这里只介绍前两种。

①外热式:外热式电烙铁的结构如图 2-15 所示,它是将烙铁头插装在烙铁芯的圆筒孔内加热,因而热量损失比较大,热效率低,发热慢。

②内热式:内热式电烙铁的结构如图 2-16 所示,它是将烙铁头套装在烙铁芯外面,因而热量损失小,效率高,发热快。但内热式电烙铁发热元件的电热丝和瓷管都比较细,机械强度差,因而容易烧断,使用时应注意防止跌落摔损。

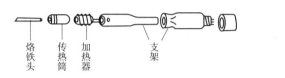

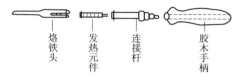

图 2-15　外热式电烙铁的结构　　　　图 2-16　内热式电烙铁的结构

电烙铁按功率来分,外热式有 25 W、45 W、75 W、100 W、150 W、200 W 等几种;内热式有 20 W、25 W、50 W、70 W、100 W、150 W 等几种。应根据焊接元器件的大小、导线的粗细、焊点面积的大小、散热的快慢等来选择不同形式、不同功率的电烙铁。一般烙接小功率晶体管和小型元件可选 25 W 或 45 W 电烙铁;焊接粗导线或大型元件时,用 75 W 或 100 W 电烙铁。

注意:20 W 内热式电烙铁的热量相当于 45 W 的外热式电烙铁。

使用电烙铁时应注意的事项:

①在使用新烙铁前,应用万用表欧姆挡测量一下电烙铁的电源插头两端是否短路或开路,以及插头和外壳间是否短路或漏电。如果测量无异常现象,方可通电使用。新烙铁在加热前,先用细锉刀将烙铁头表面的氧化物锉干净,并锉成 10°~15°的斜角,然后接通电源,当烙铁头加热开始变成紫色时,在它上面涂上一层松香,再将烙铁头放至焊锡上轻擦,使烙铁头均匀地涂上一层薄薄的光亮的锡(称为上锡)。此后,烙铁便可用来进行焊接。

②焊接时,烙铁头温度要合适。烙铁头合适的温度约为 250 ℃,这时烙铁头接触焊锡后能使其较快地熔化,且焊锡在烙铁头上又容易附着。若烙铁头温度不合适,可通过改变烙铁头伸出长度进行调节。

电烙铁经长时间通电使用后,因加热过度,将使烙铁铜头氧化(烙铁头完全变黑),氧化部分不再传热,焊锡就沾不上去,这种情况叫烙铁头"烧死"。烙铁头烧死后,要像处理新烙铁头那样重新上锡才能使用。为了防止烙铁头烧死,在加热一定时间后(约 2~3 h),应拔除电源冷却一下,然后再加热继续使用。

使用烙铁时,要经常使烙铁头表面保持清洁,并经常上锡,不要锰力敲打,以免电阻丝外引线震断。

电烙铁用完后,要上好锡再拔下电源插头,并放在烙铁架上。

2. 焊料与焊剂

焊料与焊剂是焊接中必不可少的材料。焊接时,焊料被加热熔化成液态,借助于焊剂的使用(去除焊接表面的油污和氧化物,提高焊料在焊接时的流动性,并防止金属表面在焊接过程中受热继续氧化),熔入被焊接金属材料的缝隙,在焊接物面处形成金属合金,依靠金属的附着力将两种金属连接在一起,这样就得到牢固可靠的焊点。

(1)焊料

焊料简称焊锡,是一种铅锡合金。目前常用的焊锡成分为:锡 63%、铅 36.5%、锑 0.5%,熔点为 190 ℃。通常将焊锡做成直径为 2 ~ 4 mm 的焊锡丝。有的焊锡丝被做成 2 ~ 4 mm 管状,管中装入松香,称为松香焊丝。用松香焊丝焊接时,不必再加焊剂,使用非常方便。

使用焊锡丝时,将烙铁头先与焊点接触一段时间,等温度升高后,再用焊锡丝与焊点接触,使焊锡熔化附着在焊点周围,就能与焊点很好地结合,不易虚焊。

(2)焊剂

焊剂又称助焊剂,常用的有松香和焊油(焊膏)。

①松香。松香是一种没有腐蚀作用、不导电的物质,受热气化时,能将金属表面的氧化膜带走。它具有价廉、无腐蚀性、干后不易沾灰的优点,故松香是焊接中作用最为普遍的一种焊剂。松香有黄色和褐色两种,淡黄色的较好。

使用松香焊剂的简易方法是用烙铁头吸附固体松香,此法的缺点是松香在烙铁头上易受热挥发和氧化变质,故最好把松香压成粉末溶于酒精中,制成液体松香(1 份松香放 5 份以上 95% 的酒精)来使用,焊接时将此溶液点在待焊接处即可。

②焊膏(焊油)。焊膏的主要成分是松香,其中掺的氯化锌和其他化学药品,具有一定的腐蚀性并能导电,日久会使电路板、元器件腐蚀,或造成短路、绝缘不良。在焊接较粗大的元件时,可少量使用焊膏,但焊完后必须用酒精把遗留的焊膏擦干净,以免腐蚀元器件。不宜用焊膏作为助焊剂焊接印制电路板。

3. 拉　具

拉具又称拉机、拉模等。在设备维修中主要用作拆卸轴承、联轴器、带轮等紧固件。在使用拉具时,其爪钩要抓住工作的内圈,顶杆轴心线与工件重合,如图 2-17 所示。使顶杆上均匀受力,旋转手柄即可渐渐拉下工件。

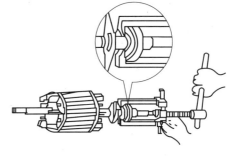

图 2-17　拉具的使用

技能训练　常用电工工具使用训练

1. 训练目标

①正确识别各种常用电工工具的名称,了解其结构、作用和使用方法。

②能正确使用各种常用电工工具。

③正确使用焊接工具和辅助工具,焊点要符合操作要求。

2. 器材与工具

验电器、螺丝刀、电工刀、钢丝钳、尖嘴钳、断线钳、剥线钳、扳手、冲击钻,各 1 个;平口、十字口自攻螺钉,各 5 个;单芯硬导线、多芯软导线,若干;焊接训练用线路板一块;电阻、二极管、晶体管,若干;电烙铁、焊锡、松香、锉刀、尖嘴钳、镊子、细铁丝等。

3. 训练指导

(1)识别各种常用电工工具的名称、作用

结合各种电工工具的外形特点,指出各工具对应的名称,并简要说明其作用。

(2)电工工具的使用

①用低压验电器检测实训室电源三芯插座的各插孔电压情况。

✦ 打开实训室电源开关,用手握住低压验电器尾部的金属部分,用低压验电器的尖端探入其相线端插孔中,观察低压验电器的氖管是否发光,再分别探测另两个插孔中,观察氖管发光情况。

✦ 断开实训室电源开关,再分别测试各插孔中的电压情况。

②用手电钻练习在木板上钻孔。

✦ 给手电钻安装直径合适的钻头(应配合自攻螺钉规格,使钻头直径略小于螺钉直径),注意钻头应上紧。

✦ 接通电源,将钻头对准木板,在上面钻10个孔,注意孔应垂直于板面,不能钻歪。

③用螺丝刀在木板上拧装平口、十字口自攻螺钉各5只。

✦ 将自攻螺钉放到钻好的孔上,并压入约1/4长度。

✦ 用与螺钉槽口相一致的螺丝刀,将刀口压紧螺钉槽口,然后顺时针旋动螺丝刀,将螺钉的约5/6长度旋入木板中,注意不要旋歪。

④钢丝钳和尖嘴钳的使用。

✦ 用钢丝钳或尖嘴钳的钳口将旋入木板中的螺钉端部夹持住,再逆时针方向旋出螺钉。

✦ 用钢丝钳或尖嘴钳的刀口将多芯软导线、单芯硬导线分别剪断为5段。

✦ 用尖嘴钳将单股导线的端头剥除绝缘层,再将端头弯成一定圆弧的接线端(线鼻子)。

⑤剥线钳。

将用钢丝钳剪断的5段多芯软导线进行端头绝缘层去除,注意剥线钳的孔径选择要与导线的线径相符。

⑥焊接工具的使用。

✦ 用尖嘴钳把细铁丝截成3~4 cm的小段备用。

✦ 整理线路板。

✦ 检查电烙铁的电源线是否完好、对电烙铁进行检查看是否有氧化层。

✦ 准备好后,练习在线路板上焊接小细铁丝及电路元件。

4. 注意事项

使用各种电工工具时,要注意"相关知识"中的使用注意事项,确保人身和设备的安全。

思考练习题

①钢丝钳、尖嘴钳、斜口钳、剥线钳、扳手、螺丝刀等各由哪几部分组成?各有什么用

途? 使用时应注意哪些事项?

②低压验电器、高压验电器各由哪几部分组成? 使用时应注意什么问题?

③使用手电钻、冲击钻时,应注意什么问题?

④电烙铁的作用、分类和结构是怎样的? 如何正确使用?

任务2.2　常用电工仪表的使用技能训练

电工技术中,在分析、检修电路时往往需要知道电路中各种电量信号的大小、性质等,以便更好地理解和判断电路的工作状态。电工测量就是利用电工测量仪表对电路中的物理量(如电压、电流、电能等)的大小进行测量。电工测量是由电工测量仪表和电工测量技术共同来完成的,仪表是依据,技术是保证。

相关知识　常用电工仪表的结构、工作原理和使用方法

用来测量电流、电压、功率等电量的指示仪表称为电工测量仪表,简称电工仪表。常用的电工仪表有电流表、电压表、万用表、钳形电流表、兆欧表、接地电阻测定仪、功率表、电度表等多种。

电工测量仪表还能间接地对各种非电量(如温度、压力、流量等)进行测量。电工测量在电气设备安全、经济、合理运行的监测与故障检修中起着十分重要的作用。

电工测量仪表的结构性能及使用方法会影响电工测量的精确度,必须能合理地选用电工测量仪表,而且要了解常用电工仪表的基本工作原理及使用方法。

2.2.1　电工测量及电工仪表的基本知识

1. 电工测量的基本知识

(1)电工测量的方法

电工测量就是通过物理实验的方法,将被测量与其同类的单位进行比较的过程,比较的结果一般分为两部分:一部分为数值;一部分为单位。

为了对同一个量,在不同的场合进行测量时都有相同的测量单位,就必须采用一种公认的固定不变的单位,所以测量单位的确定和统一非常重要。虽然目前各国还有着自己所特有的某些单位,但现在国际上已经公认和广泛应用的是 1960 年第十届国际计量大会制定的国际单位制。国际单位制已被国际上所有科学领域所接受,包括我国在内的几乎所有国家都以法令或条例的形式正式宣布采用,定为法定的计量单位制度。

测量单位的复制实体称为度量器,如标准电池、标准电阻和标准电感等,分别是电动势、电阻和电感的复制实体。电学度量根据其准确高、低分为基准器、标准器和工作量具三大类。

在测量过程中,由于采用测量仪器仪表的不同,也就是说度量器是否直接参与,以及测量结果如何取得等,形成了不同的测量方法。常用的测量方法主要有以下几种:

①直接测量法。直接测量法是指测量结果可以从一次测量的实验数据中得到。它可

以使用度量器直接参与比较,测得被测数值的大小;也可以使用具有相应单位分度的仪表,直接测得被测数值。例如,用电流表测电流、用电压表测电压等都属于直接测量法。直接测量法具有方法简便、读数迅速等优点。但是它的准确度除受到仪表基本误差的限制外,还由于仪表接入测量电路后,仪表的内阻被引入测量电路中,使电路的工作状态发生了改变,因此直接测量法准确度较低。

②比较测量法。比较测量法是将被测量与度量器在比较器中进行比较,从而测得被测量数值的一种方法。比较测量法又可分为零值法、较差法、替代法。

◆ 零值法:又称指零法或平衡法。它是利用被测量对仪器的作用,与已知量对仪器的作用二者相抵消的办法,由指零仪表做出判断。当指零仪表指零时,表明被测量与已知量相等。与用天平称物体的质量一样,当指针指零时,表明被测物的质量与砝码的质量相等,根据砝码的质量便知被测物质的数值。可见零值法测量的准确度取决于度量器的准确度和指零仪表的灵敏度。电桥就是采用零值法原理。

◆ 较差法:指利用被测量与已知量的差值,作用于测量仪器而实现测量目的的一种测量方法,有着较高的测量准确度。标准电池的相互比较就采用这种方法。

◆ 替代法:利用已知量代替被测量,而不改变仪器原来的读数状态,这时被测量与已知量相等,从而获取测量结果,其准确度主要取决于标准量的准确度和测量装置的灵敏度。其优点是准确度和灵敏度都较高;缺点是操作麻烦,设备复杂。此法适用于精密测量。

③间接测量法。间接测量法是指测量时,只能测出与被测量有关的量,然后经过计算求得被测量。例如,用伏安法测电阻,先用电压表和电流表测出电阻两端的电压和电阻上的电流,再利用欧姆定律算出电阻的值。显然,间接测量法要比直接测量法的误差大。

总之,测量方法是由被测量对测量结果准确度的要求及测量设备等因素决定的。

（2）测量误差及表示方法

生产过程中需要测量的参数是多种多样的,测量方法和测量原理也各不相同,但测量过程却有相同之处。测量过程实质上是将被测变量与其相应的标准单位进行比较,从而获得确定的量值,实现这种比较的工具就是测量仪表。

测量的目的是为获得真实值,而测量值与真实值不可能完全一样,存在一定的差值,这相差值就是测量误差。测量值、误差及单位称为测量结果的三要素。测量误差有多种分类方式:

①按误差的表示方式可分为绝对误差、相对误差和引用误差。

◆ 绝对误差:仪表的测量值与真实值之差称为绝对误差。用公式表示为:

$$\Delta x = x - x_0$$

式中,Δx 为绝对误差;x 为测量值,即测量仪表的指示值;x_0 为真实值,实际上真实值通常是用更精确的仪表的指示值来近似表示的。

绝对误差越小,说明测量结果越准确,越接近真实值,但绝对误差不具有可比性。绝对误差的单位与被测量的单位相同。

◆ 相对误差:即绝对误差与测量值的百分比。相对误差表示测量误差较为确切。用公式表示为:

$$\delta = \frac{\Delta x}{x} \times 100\%$$

式中，δ 为相对误差，用来判断测量结果的相对精度。

测量结果的表示为：$x \pm \Delta x$，读作"x 正负偏差 Δx"。也可以表示为 $x(1 \pm \gamma)$。

✦ 引用误差：也称为满度相对误差，用绝对误差 Δx 与仪表满度值 x_M 之比的百分数来表示，即

$$r = \frac{\Delta x}{x_M} \times 100\% = \frac{\Delta x}{x_上 - x_下} \times 100\%$$

式中，γ 为引用误差；x_M 为仪表的满度值，即仪表的量程，$x_M = x_上 - x_下$；$x_上$ 为仪表量程的上限值；$x_下$ 为仪表量程的下限值。

用最大引用误差表示测量仪表的准确度等级。为了提高测量结果的准确度，实际测量时应使指针的偏转尽可能处于满度值（x_m）的 2/3 以上为佳。

绝对误差与相对误差的大小反映了测量结果的准确度，引用误差的大小反映了测量仪表性能的好坏。

②按误差出现的规律分类可分为系统误差、过失误差和随机误差。

✦ 系统误差（又称规律误差）：大小和方向具有规律性的误差称为系统误差，一般可以克服。

✦ 过失误差（又称疏忽误差）：测量者在测量过程中，因疏忽大意造成的误差称为过失误差。操作者在工作过程中，应加强责任心，提高操作水平，可以克服过失误差。

✦ 随机误差（又称偶然误差）：同样条件下反复测量多次，每次结果均不重复的误差称为随机误差。随机误差是由偶然因素引起的，不易被发现和修正。

③按误差的工作条件分为基本误差和附加误差。

✦ 基本误差：仪表在规定的工作条件（如温度、湿度、振动、电源电压等）下，仪表本身所具有的误差。

✦ 附加误差：在偏离规定的工作条件下，使用仪表时产生的误差。

（3）消除测量误差的方法

①消除系统误差的方法。

a. 度量器及测量仪器进行校正。在测量中，度量器和测量仪器的误差直接影响测量结果的准确度，所以常引入其更正值，以消除误差。

b. 消除误差的根源。例如，选择合理的测量方法，配置适当的测量仪器，改善仪表、电路的安装质量和配线方式，测量前调整仪表零位，采取屏蔽措施消除外部影响。

c. 采取特殊的测量方法：

✦ 替代法。在保持仪表读数状态不变的条件下，用等值的已知量去代替被测量。这样测量结果就与测量仪表的误差及外界的影响无关，从而消除了系统误差。例如，用电桥测量电阻时，用标准电阻代替被测电阻，并调整标准电阻使电桥达到原来的平衡状态，用被测电阻值等于这个标准电阻值，这样就排除了电桥本身和外界的影响因素，消除了由它们引起的系统误差。

✦ 正负消去法。如果第一次测量误差为正，第二次测量误差为负，则可对同一量测量

两次,然后取两次的平均值,即可消除这种系统误差。

◆ 换位法。当系统误差恒定不变时,在两次测量中使它从相反的方向影响测量结果,然后取平均值,从而使这种系统误差得到消除。例如,用等比率电桥进行测量时,为了消除比率臂电阻值不准确造成的误差,可采用换臂措施,即将两个比率臂电阻的位置调换一下,再进行一次测量,然后取测量的平均值即可。

②消除随机误差的方法。对于随机误差的消除,只能根据多次测量中各种偶然误差出现的偶然率用统计的方法加以处理。在足够多次的测量中,绝对值相等的正误差和负误差出现的机会是相同的,而且,小误差比大误差出现的机会总是更多。这样,在足够多次的测量中,随机误差的算术平均值必然趋近于零。这是因为在一系列测量的偶然误差总和中,正、负误差相互抵消的结果。由此可知,为了消除随机误差对测量结果的影响,可以采用增加重复测量次数的方法来达到。测量次数越多,测量结果的算术平均值就越接近于实际值。在工程测量中由于随机误差较小,通常不考虑。

③消除疏忽误差的方法。由于它是显然的错误,并且常常严重地歪曲测量结果,因此,包含疏忽误差的测量结果是不可信的,应以抛弃。

（4）有效数字

测量时,从仪表指示刻度上直接读出的准确读数加上一位估计数字,称为测量值的有效数字。在表示测量结果时,必须采用正确的有效数字,不能多取,也不能少取。少取了会损害测量的精度,多取了则又夸大了测量的精度。

例如,图 2-18 表示一个 0~30 A 的电流表在 2 种测量情况下指针的指示结果。第一次指针在 5~6 A 之间,可记作 5.5 A。其中,数字"5"是可靠的,称为可靠数字,而最一位"5"是估计出来的不可靠数字(欠准数字),两者合称为有效数字。通常只允许保留一位不可靠数字。对 5.5 这个数字来说,有效数字是二位。第二次测量指针在 14 A 的地方,应记为14.0 A,这也是三位有效数字。

数字"0"在数中可能不是有效数字。例如:5.5 A还可写成 0.005 5 kA,这时前面的 3 个"0"仅与所用单位有关,不是有效数字,该数有效数字仍为二位。对于读数末位的"0"不能任意增减,它是由测量设备的准确度来决定的。

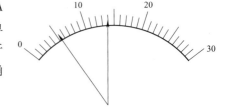

①有效数字的正确表示:

图 2-18　仪表的读数

◆ 记录测量数值时,只保留一位不可靠数字。通常最后一位有效数字可能有 ±1 个单位或 ±0.5 个单位的误差。

◆ 有效数字的位数应取得与所用仪器的误差(准确度)相一致,并在表示时注意与误差量的单位相配合。大数值和小数值要用幂的乘积形式来表示。

◆ 如,仪器的测量误差为 ±0.01 V,而测量数据为 3.212 V,其结果应取为 3.21 V。有效数字为三位。

◆ 在所有计算中,常数(例如 π、e 等)及乘除(例如 1/2 等)的有效数字的位数可以没有限制,在计算中需要几位就取几位。

✦ 表示误差时,一般只取一位有效数字,最多取两位有效数字。例如,±1%、±1.5%。

②有效数字的运算规则。处理数字时,常常要运算一些精度不相等的数值。按照一定规则计算,既可以提高计算速度,也不会因数字过少而影响计算结果的精度。常用的规则如下:

✦ 加减运算时,各数所保留的小数点后的位数,一般应与各数中小数点后位数最少的相同。例如,13.6、0.056、1.666 相加,小数点后最少位数是一位(13.6),所以应将其余两数修约到小点后一位,然后相加,即

$$13.6 + 0.1 + 1.7 = 15.4$$

为了减少计算误差,也可以在修约时多保留一位小数,即

$$13.6 + 0.06 + 1.67 = 15.33$$

其结果应为 15.3。

✦ 乘除运算时,各因子及计算结果所保留的位数,一般与小数点位置无关,应以有效数字位数最小的项为准,例如,0.12、1.057 和 23.41 相乘,有效数字位数最少的是两位(0.12),则

$$0.12 \times 1.06 \times 23 = 2.96$$

2. 电工仪表的基础知识

(1)常用电工仪表的分类

①按仪表的工作原理分为磁电系、电磁系、电动系、感应系等,其中磁电系仪表应用最为普遍。

②按测量对象不同分为电流表(安培表)、电压表(伏特表)、功率表(瓦特表)、电度表(千瓦时表)、欧姆表及万用表等,其中万用表是一种综合性的电工测量仪表,使用很广泛。

③按被测电量种类的不同分为交流表、直流表、交直流两用表等。

④按使用性质和装置方法的不同分为固定式(开关板式)和便携式。

⑤按误差等级不同分为 0.1 级、0.2 级、0.5 级、1.0 级、1.5 级、2.5 级、5.0 级共 7 个等级。其中,0.1、0.2 级表作为标准表用,0.5、1.0 级表作为实验用表,1.5、2.5、5.0 级表作为工程测量用表。

⑥按仪表取得读数的方法分为指针式、数字式和记录式等。其中,指针式仪表使用较多,但数字式仪表作为一种发展趋势,正得到越来越广泛的应用。

(2)电工仪表常用面板符号

在电工仪表的面板上,标有表示该仪表有关技术特性的各种符号。这些符号表示该仪表的结构、种类、基本参数、使用条件或方法等,它为正确选用仪表提供了重要依据。电工仪表的面板部分符号如表 2-1 所示。

表 2-1 电工测量仪表的面板部分符号

名　称	标志符号	名　称	标志符号
直流表	——	公共端	*
交流表	～	磁电系仪表	⌒

续表

名　　称	标志符号	名　　称	标志符号
交直流表	$\sim$	电磁系仪表	
电流表	Ⓐ	电动系仪表	
电压表	Ⓥ	感应系仪表	
功率表	Ⓦ	整流系仪表	
瓦时表(电度表)	Ⓦⓗ	精度等级 5.0 级	0.5
垂直使用	⊥	绝缘强度 试验电压 500 V	☆
水平使用	⊓	Ⅱ级防外磁场	Ⅱ

（3）电工仪表的基本组成和工作原理

电工仪表的基本原理是将被测电量或非电量变换成指示仪表活动部分的偏转角位移量。一般来说,被测量不能直接加到测量机构上,通常是将被测量转换成测量机构可以测量的过渡量,这个将被测量转换为过渡量的组成部分就是"测量线路"。将过渡量按某一关系转换成偏转角的机构称为"测量机构"。测量机构由活动部分和固定部分组成,它是仪表的核心,其主要作用是产生使仪表的指示器偏转的转动力矩以及使指示器保持平衡和迅速稳定的反作用力矩和阻尼力矩。图 2-19 所示为电工指示仪表的基本组成框图。

图 2-19　电工指示仪表的基本组成框图

电工指示仪表的基本工作原理:测量线路将被测电量或非电量转换成测量机构能直接测量的电量时,测量机构活动部分在偏转力矩的作用下偏转。同时,测量机构产生反作用力矩的部件所产生的反作用力矩也作用在活动部件上,当转动力矩与反作用力矩相等时,可动部分便停止下来。由于可动部分具有惯性,以至于它在达到平衡时不能迅速停止,仍在平衡位置附近来回摆动。因此,在测量机构中设置阻尼装置,依靠其产生的阻尼力矩使指针迅速停止在平衡位置上,指出被测量的大小。

（4）电工仪表的产品型号

电工仪表的产品型号可以反映出仪表的用途及工作原理,必须按有关规定的标准编制。安装式仪表型号的含义如下:

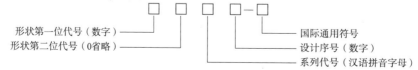

第一位形状代号按仪表面板形状最大尺寸编制;第二位形状代号按仪表的外壳尺寸编制;系列代号按仪表工作原理类别编制,如 C 表示磁电系仪表、T 表示电磁系仪表、D 表示电动系仪表、G 表示感应系仪表、L 表示整流系仪表等;最后一位国际通用符号是用途符号,如 A 表示电流表,V 表示电压表,kWh 表示电能表等。例如,某仪表的型号为 44T2-A,"44"表示形状代号,"T"表示电磁系仪表,"2"为设计序号,"A"表示用于电流测量。

便携式指示仪表不用形状代号,它的第一位为组别号,用来表示仪表的各类系列,其他部分则与安装式仪表相同。例如,C51-A 型仪表是磁电系电流表,"51"为设计序号。

(5)电工仪表的选择和使用

在电气测量过程中,为了准确地获取测量数据,要选用合适的测量仪表,如果仪表选择和使用不当,不仅会造成测量误差,甚至还会影响到仪表的使用寿命及人身安全。

①仪表类型的选择。按测量对象的性质选择仪表类型,首先确认被测量的是直流还是交流,以便选用直流仪表或交流仪表。如果测量交流量,要注意是正弦波还是非正弦波,还要区分被测量的是平均值、有效值、瞬时值,还是最大值,对于交流量还要注意信号的频率。

②仪表准确度等级和量程的选择。测量结果的准确程度不仅与仪表的准确度有关,还与仪表的量程有关,因此,在考虑准确度的同时必须考虑到量程,要根据待测量的大小,选择量程合适的仪表,以减小测量误差。

③仪表内阻的选择。按测量对象和测量线路的电阻大小选择仪表的内阻,仪表内阻的大小直接反映仪表本身的功率损耗。测量过程中为使仪表接入电路后不致影响电路的工作状态,减小仪表的功率损耗,电压表要并联在电路中,一般电压表的内阻大于与之并联的电阻 100 倍时,电压表内阻的影响就可忽略不计。电流表要串联在电路中,一般电流表的内阻小于与之串联电阻的 1/100 倍时,电流表内阻的影响就可忽略不计。

在实际测量中,应根据被测电路的具体情况尽可能地采取相应的措施以减小仪表内阻造成的误差。例如,在使用单相功率表测量功率时,若负载电阻比功率表电流线圈电阻大很多,则应采用电压线圈前接的方式;若负载电阻比功率表电压支路电阻小很多,则应采用电压线圈后接的方式。

④其他因素。除上述主要因素外,在选择仪表时还要考虑其他因素对测量准确度的影响。例如,按测量对象选择仪表的允许额定值,仪表是否有足够高的绝缘强度和耐压能力,是否有承受短时间过载的能力等。必须结合测量对象的实际情况,综合考虑各种因素,才能选出合适的仪表,得到准确度较高的测量结果。

2.2.2　万用表

万用表是一种多用途、多量程、便携式电工测量仪表,可以用于测量交直流电流、交直流电压、电阻以及音频信号电平、晶体管共发射极直流电流放大系数等参数。

万用表是一种多功能、多量程的便携式电工测量仪表,可以进行直流电压、直流电流、交流电压、交流电流、电阻和晶体管参数的测量,功能相当于电流表、电压表、欧姆表等基本电工仪表的组合。较高档次的万用表还可测量交流电流、电容量、电感量等多种电路参数,万用表因此而得名。近年来,特别是数字式万用表的发展和普及,使得万用表的生产和应用都上了一个新台阶。

万用表根据所应用的测量原理和测量结果显示方式的不同,可分为模拟式(指针式)万用表和数字式万用表两大类。指针式万用表是先通过一定的测量机构将被测的模拟电量转换成电流信号,再驱动表头指针偏转,从表头的刻度盘上即可读出被测量的值。

数字式万用表先由模/数转换器将被测量的模拟量转换成数字量,然后由电子计数器进行计数,最后把测量结果用数字直接显示在显示器上。

1. MF47 型指针万用表

(1)MF47 型指针式万用表的面板及用途

一般指针式万用表面板上都具备:多条标度尺的表盘、表头指针、转换开关、机械调零旋钮、电阻挡零欧姆调节旋钮和表笔插孔,其面板如图 2-20 所示。MF47 型万用表有 24 个挡位,可分别测量直流电压、直流电流、交流电压、电阻、电容、电感、电平及晶体管的共发射极直流放大系数。它们是通过改变面板上转换开关的挡位,从而改变测量电路的测量结构,以满足各种功能的测量要求。

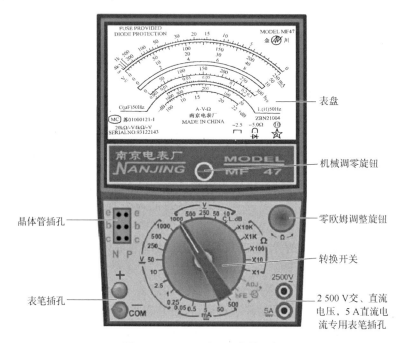

图 2-20　MF47 型万用表的面板

(2)MF47 型指针式万用表的结构

指针式万用表由表头、表盘、测量线路和转换开关组成。

①表头。指针式万用表是万用表进行各种不同测量的公用部分,是一只高度灵敏的磁电式直流电流表,万用表主要性能指标基本取决于表头的性能。表头灵敏度越高,内阻越大,则万用表性能越好。

②表盘。表盘上的多条刻度线与各种测量项目相对应,如图 2-21 所示。MF47 型万用

表共有七条刻度线,从上到下第一条是欧姆刻度线,第二条是交直流电压、电流刻度线,第三条是交流 10 V 挡专用刻度线,第四条是晶体管电流放大倍数刻度线;第五条是电容量刻度线;第六条是电感量刻度线;第七条是音频电平刻度线。使用时应熟悉每条标度尺上的刻度及所对应的被测量。

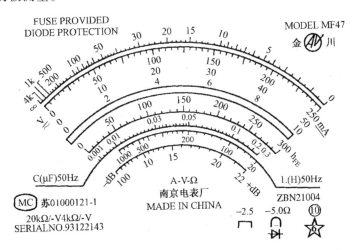

图 2-21　MF47 型万用表头和表盘

③测量线路。指针式万用表用一只表头完成对多种电量、多量程的测量,万用表内设置了一套测量线路,电路由各基本参量(电流、电压、电阻等)的测量电路综合而成。旋转面板上的转换开关可选择所需要的测量项目和量程。

④转换开关。万用表的转换开关由固定触点、可动触点和开关手柄组成,其作用是按测量种类及量程选择的要求,在测量线路中组成所需的测量电路。

(3)MF47 型指针式万用表的使用方法

使用之前首先熟悉表盘上各符号的意义及各个旋钮和选择开关的主要作用。然后,进行表头的机械调零,调整表头的机械调零旋钮,使指针准确地指示在标度尺的零位上(指电流、电压刻度的零位),否则测量结果不准确;根据被测量的种类及大小,选择转换开关的挡位及量程找出对应刻度线;选择表笔插孔的位置,将测试笔红、黑两表笔分别插入万用表面板上的"+"和"−"插孔内。

①直流电流的测量。根据待测电流的大小,将选择开关旋至与直流电流相应的量程上并将红、黑测试笔串接在被测电路中,电流从红表笔(电表正极)流入,从黑表笔(电表负极)流出。指针在标度尺上对应的数值,即为被测电流的大小。

②直流电压的测量。根据待测电压的大小,将选择开关旋至与待测电压大小相应的直流电压量程上。测电压时应将两只表笔并联在要测量的两点上。红表笔应接在电压高的一端,黑表笔接在电压低的一端。

③交流电压的测量。将选择开关旋至与待测的交流电压相应的量程上,交流电压无正、负极性之分,测量时不必考虑极性问题。测量交流电压时应注意,表盘上交流电压的刻度是有效值,且只适用于正弦交流电。

④电阻的测量。测量电阻之前,选择适当的倍率挡,并在相应挡调零,即将两表笔短

接,旋动零欧姆调节器,使表针指在 0 Ω 处,然后将两表笔分开,接入被测元件。当表笔短路调零时,调整零欧姆调节器,指针不能调至零时,可能是电池电压不足,应更换新电池。

⑤晶体管电流放大系数 h_{FE} 的测量。应先判别被测晶体管的类型(NPN、PNP 型),可利用电阻挡的表笔极性对管型进行判别。使用 h_{FE} 挡前还应先调零,将挡位选择开关拨至 ADJ 挡位,然后调节欧姆校零旋钮,让表针指到标有 h_{FE} 刻度线的最大刻度 300 处,实际上表针此时也指在欧姆刻度线 0 刻度处。将挡位选择开关置于 h_{FE} 挡。根据晶体管的类型和引脚的极性将晶体管插入相应的测量插孔,PNP 型晶体管插入标有 P 字样的插孔,NPN 型晶体管插入标有 N 字样的插孔。读数时查看标有 h_{FE} 的刻度线,观察表针所指的刻度数。另外,指针式万用表晶体管共发射极偏置电路提供的偏置有限,一般适应于小功率管,测量结果仅供参考。

使用指针式万用表时应注意以下事项:

①测量前,根据被测量的种类和大小,把转换开关置于合适的位置。选择适当量程,使指针在刻度尺的 1/3 ~ 2/3 之间。

②在测试未知量时,先将选择开关旋至最高量程位置,而后自高向低逐次向低量程挡转换,避免造成电路损坏和打弯指针。

③测量高压和大电流,不能在测量时旋转转换开关,避免转换开关的触点产生电弧而损坏开关。

④测量电阻时,应先将电路电源断开,不允许带电测量电阻。测量高电阻值元件时,操作者手不能接触被测量元件的两端,也不允许用万用表的欧姆挡直接测量微安表表头、检流计、标准电池等的内阻。

⑤测量完毕,应将转换开关置于交流电压最高挡,防止再次使用时,因不慎损坏表头。

⑥被测电压高于 100 V 时需注意安全。

⑦万用表应在干燥、无振动、无强磁场、环境温度适宜的条件下使用。

⑧万用表长时间不用时,应取出电池。

2. VC890D 型数字式万用表

(1)VC890D 型数字式万用表的面板

数字式万用表显示直观、速度快、功能全、测量精度高、可靠性好、小巧轻便耗电低、便于操作,已成为电工、电子测量以及维修等部门的必备仪表。利用 VC890D 型数字式万用表可以进行交流电压直流电压、交流电流、直流电流、电阻、二极管、晶体管 h_{FE}、带声响的通断等测试,并具有极性选择、过量程显示及全量过载保护等特点。VC890D 型数字式万用表的面板结构如图 2-22 所示。

(2)VC890D 型数字式万用表的使用方法

①使用前的检验。首先检查数字万用表外壳和表笔有无损伤,再做如下检查:

◆ 将电源开关打开,显示屏应用数字显示,若显示屏出现低电压符号应及时更换电池。

◆ 表笔孔旁的 MAX 符号,表示测量时被测电路的电流、电压不得超过规定值。

◆ 测时量,应选择合适量程。若不知被测值的大小,可将转换开关置于最大量程挡,在测量中按需要逐步下降。

◆ 如果显示器只显示"1",一般表示量程偏小,称为"溢出",需选择较大的量程。

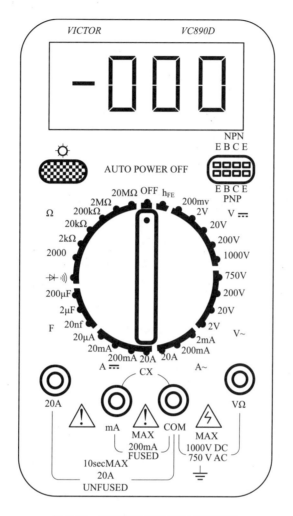

图 2-22　VC890D 型数字万用表面板

◆ 当转换开关置于"Ω""二极管"挡时,不得带电测量。

②直流电压的测量。VC890D 型数字式万用表的直流电压测量范围为 0～1 000 V,共分五挡,被测量值不得高于 1 000 V 的直流电压。

◆ 将黑表笔插入 COM 插孔,红表笔插入 VΩ 插孔。

◆ 将转换开关置于直流电压挡的相应量程。

◆ 将表笔并联在被测电路两端,红表笔接高电位端,黑表笔接低电位端。

③直流电流的测量。VC890D 型数字式万用表的直流电流测量范围 0～20 A,共分四挡。

◆ 范围在 0～200 mA 时,将黑表笔插入 COM 插孔,红表笔插入 mA 插孔;测量范围在 200 mA～20 A 时,红表笔应插入 20A 插孔。

◆ 转换开关置于直流电流挡的相应量程。

◆ 两表笔与被测电路串联,且红表笔接电流流入端,黑表笔接电流流出端。

注意:被测电流不得大于所选量程,否则会烧坏内部熔体。

④交流电压的测量。VC890D 型数字式万用表的交流电压测量范围为 0 ~ 750 V,共分五挡。

◆ 将黑表笔插入 COM 插孔,红表笔插入 VΩ 插孔。

◆ 将转换开关置于交流电压挡的相应量程。

◆ 红、黑表笔不分极性且与被测电路并联。

⑤交流电流的测量。VC890D 型数字式万用表的交流电流测量范围 0 ~ 20 A,共分四挡。

◆ 表笔插法与直流电流测量相同。

◆ 将转换开关置于交流电流挡相应量程。

◆ 表笔与被测电路串联,红黑表笔不需考虑极性。

⑥电阻的测量。VC890D 型数字式万用表的电阻测量范围 0 ~ 200 MΩ,共分七挡。

◆ 黑表笔插入 COM 插孔,红表笔插入 VΩ 插孔(注:红表笔极性为“ + ”)。

◆ 将转换开关置于电阻挡的相应量程。

◆ 仪表与被测电阻并联,电阻的阻值可直接读出,无须乘以倍率。严禁被测电阻带电。

◆ 当表笔断路或被测电阻值大于量程时,显示为“1”;当测量大于 1 MΩ 电阻值时,几秒后读数方能稳定,这属于正常现象。

⑦电容的测量。VC890D 型数字式万用表的电容测量范围为 0 ~ 20 μF,共分五挡。

◆ 将转换开关置于电容挡的相应量程。

◆ 将待测电容两脚插入 CX 插孔,即可读数。

⑧二极管测试和电路通断检查。

◆ 将黑表笔插入 COM 插孔,红表笔插入 VΩ 插孔。

◆ 将转换开关置于“二极管”位置。

◆ 红表笔接二极管正极,黑表笔接其负极,则可测得二极管正向压降的近似值。可根据电压降大小判断出二极管材料类型。

◆ 将两只表笔分别触及被测电路两点,若两点电阻值小于 70 Ω 时,表内蜂鸣器发出叫声则说明电路是通的,反之,则不通。以此可用来检查电路通断。

⑨晶体管共发射极直流电流放大系数的测试。

◆ 将转换开关置于 h_{FE} 位置。

◆ 测试条件为:$I_b = 10$ μA,$U_{ce} = 2.8$ V。

◆ 三只引脚分别插入仪表面板的相应插孔,显示器将显示出放大系数的近似值。

2.2.3 电流表、电压表和功率表

电流表又称安培表,用于测量电路中的电流。电压表又称伏特表,用于测量电路中的电压。功率表又称瓦特表,用于测量直流电路和交流电路中的电功率。

1. 电流表和电压表

(1)电流表、电压表的结构和工作原理

电流表和电压表按其工作原理的不同,它可分为磁电式、电磁式、电动式 3 种类型。

①磁电式仪表的结构与工作原理。磁电式仪表主要由永久磁铁、极靴、铁芯、可动线圈、游丝、指针等组成,如图 2-23(a)所示。

当被测电流流过线圈时,线圈受到磁场力的作用产生电磁转矩绕中心轴转动,带动指针偏转,游丝也发生弹性形变。当线圈偏转的电磁力矩与游丝形变的反作用力矩相平衡时,指针便停留在相应位置,在面板刻度标尺上指示出被测数据。

与其他仪表比较,磁电式仪表具有测量准确和灵敏度高、消耗功率小、刻度均匀等优点,应用非常广泛。例如,直流电流表、直流电压表、直流检流计等都属于此类仪表。

②电磁式仪表的结构与工作原理。电磁式仪表主要由固定部分和可动部分组成。以排斥型结构为例,固定部分包括圆形的固定线圈和固定于线圈内壁的铁片,可动部分包括固定在转轴上的可动铁片、游丝、指针、阻尼片和零位调整装置,如图 2-23(b)所示。

当固定线圈中有被测电流通过时,线圈电流的磁场使定铁片和动铁片同时被磁化,且极性相同而互相排斥,产生转动力矩。定铁片推动动铁片运动,动铁片通过传动轴带动指针偏转。当电磁偏转力矩与游丝形变的反作用力矩相等时,指针停转,面板上指示值即为所测数值。

电磁仪表具有过载能力强、交直流两用的优点,但其准确度较低、工作频率范围不大、易受外界影响和附加误差较大。

③电动式仪表的结构与工作原理。电动式仪表由固定线圈、可动线圈、指针、游丝和空气阻尼器等组成,如图 2-23(c)所示。

当被测电流流过固定线圈时,该电流变化的磁通在可动线圈中产生电磁感应,从而产生感应电流。可动线圈受固定线圈磁场力的作用产生电磁转矩而发生转动,通过转轴带动指针偏转,在刻度板上指示出被测数值。

电动式仪表测量准确度高,且可交直流两用,测量参数范围广,可以构成多种线路、测量多种参数,如电流、电压和功率等。但由于它的固定线圈较弱,测量易受外磁场影响,且可动线圈的电流由游丝导入,过载能力小。

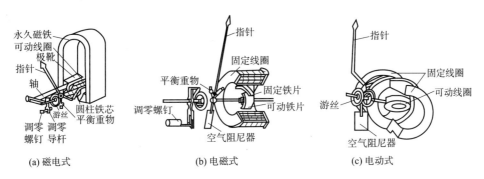

(a) 磁电式　　　　(b) 电磁式　　　　(c) 电动式

图 2-23　电流表、电压表的结构

(2)电流和电压的测量

①电流的测量:

✦ 直流电流的测量。测量电流时,必须将电流表串联在被测电路中,并且电流表的电流从标有"+"接线端子流入,从标有"−"接线端子流出,如图 2-24 所示。图中 R_0 为表头内阻。

测量直流电流通常采用磁电系电流表,而磁电系仪表的表头不允许通过大电流。为了扩大电流表的量程,在表头两端并联一个分流器 R_A,如图 2-25 所示。需要扩大的量程越大,则分流器的电阻应越小。

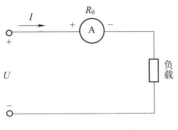

图 2-24　电流表直接串入电路

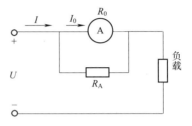

图 2-25　电流表量程的扩大电路

◆ 交流电流的测量。测量交流电流主要采用电磁系电流表。电磁系电流表采用固定线圈,允许通过大电流。由于其内阻较大,它不采用分流器来扩大量程,而是采用改变固定线圈的接法,或利用电流互感器来扩大量程。

图 2-26 所示为双量程电磁系电流表接线图,当被测电流为 0 ~ 5 A 时,把两组线圈串接,图 2-26(a)所示为 5 A 量程接线图;当被测电流大于 5 A 小于 10 A 时,把两组线圈并接,图 2-26(b)所示为 10 A 量程接线图。

在被测交流电流大于仪表量程时,需用电流互感器来扩大仪表的量程,如图 2-27 所示。电气工程上配电流互感器用交流电流表,量程通常为 5 A,不需要换算,表盘读数即为被测电流值。

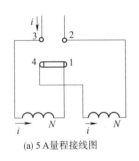

(a) 5 A量程接线图

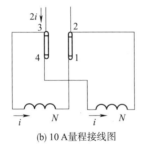

(b) 10 A量程接线图

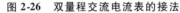

图 2-26　双量程交流电流表的接法

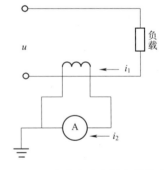

图 2-27　交流电流表量程的扩大

在进行电流测量时应注意以下事项:

◆ 明确电流的性质。若被测电流是直流电,则使用直流电流表;若被测电流是交流电,则使用交流电流表。

◆ 必须将电流表串联在被测电路中。由于电流表具有一定的内阻,串联电流表后,总的等效电阻会有所增加,使实际测得的电流小于被测电流。为减小这种误差,要求电流表的内阻很小,故严禁将电流表并联在负载的两端,否则将造成短路,将电流表烧坏。

◆ 进行直流电流测量时,极性连接一定要正确。串联电流表时,应将电流从标有" + "的接线端子流入,从标有" - "的接线端子流出。

◆ 注意电流表的量程范围。多量程的电流表,使用时应估计被测电流的大小,选择合适的量程。若测量值超过量程,则有可能导致电流表损坏。

②电压的测量:

◆ 直流电压的测量。测量电压时,必须将电压表并联在被测电路中,并且电压表的"＋"极接高电位,"－"极接低电位,如图 2-28 所示。

测量直流电压通常用磁电系仪表,但是磁电系仪表只允许通过很小的电流,测量时也只能测较低的电压(不超过 mV 级),为了测量高电压,将表头串联一个倍压器 R_V(附加电阻)来扩大量程,如图 2-29 所示。

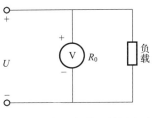

图 2-28　电压表并入被测电路

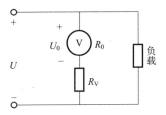

图 2-29　电压表量程的扩大电路

需要扩大的量程越大,倍压器的电阻则越大。磁电系仪表灵敏度高,因此倍压器电阻大,它一般都做成内附式。

综上所述,电压表的内阻由表头内阻 R_0 和倍压器电阻 R_V 一起构成,因此电压表的内阻与电压量程有关,用电压表的总内阻除以电压量程来表明这一特征,称为电压灵敏度,表示其内阻每伏多少欧姆,即 Ω/V。电压表内阻越大,灵敏度越高,消耗功率越小,对被测电路工作状态影响越小。

◆ 交流电压的测量。交流电压通常用电磁系电压表进行测量,可借助于电压互感器测量较高的交流电压。电磁系电压表扩大量程可采用串接倍压器电阻的方法,多量程电压表也可以采用分段式倍压器,方法同磁电系仪表相同。

电磁系电压表既要保证较大的电磁力使仪表产生足够的转矩,又要减少匝数,防止频率误差,因此要求通过仪表的电流大,也就是电压表的内阻要小,通常每伏只有几十欧姆,所以电磁系仪表的电压灵敏度较低。

进行电压测量时应注意以下几点:

◆ 明确电压的性质,选择对应的交流或直流电压表进行测量。

◆ 必须将电压表并联在负载两端。为了使被测电路不因接入电压表而受影响,电压表的内阻应尽可能大。如果误将电压表串联在电路中,则得不到要测量的电压。

◆ 进行直流电压测量时,极性连接一定要正确。电压表的"＋"极接高电位,"－"极接低电位。

◆ 如果被测电压的数值大于仪表的量程,就必须扩大电压表的量程。

2. 功率表

功率表用于测量直流电路和交流电路的功率。在交流电路中,根据测量电流的相数不同,又有单相功率表和三相功率表之分。

（1）功率表的结构及工作原理

功率由电路中的电压和电流决定,因此功率表的测量结构主要由固定线圈和可动线圈组成。固定线圈的导线较粗、匝数较少,称为电流线圈,与被测负载串联;可动线圈的导线较细、匝数较多,并串联一定的分压电阻,称为电压线圈,与被测负载并联。功率表通常采用电动式仪表的测量机构,其测量原理如图 2-30 所示。

当测量直流电路的功率时,功率表指针的偏转角度取决于负载的电流和电压的大小。

当测量交流电路的功率时,其指针偏转角度与负载电压、负载电流和功率因数成正比,即

$$\alpha = K_p I U \cos\varphi = K_p P$$

在功率表测量机构中有一个电流线圈（固定线圈）1 和一个电压线圈（可动线圈）2,分别连接到被测电路中,两个线圈的一个端子上分别标有"＊"号,这两个端子应接到电源的同一极性上,若有一个线圈反接,指针将反偏,则无法读出功率的数值,如图 2-30 所示。功率表电流线圈的电流就是被测电流 i,电压线圈两端的电压就是被测电路的两端电压 u。

功率表的电流线圈通常由两个相同的线圈组成,改变两个线圈的连接方法,可得双量程电流,其原理同交流电流表相同。功率表的电压量

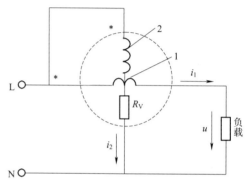

图 2-30　功率表的测量原理图

程是通过改变倍压器电阻进行改变的,功率表量程则为电压量程和电流量程的乘积,因此选择功率表量程的实质则是选择电压和电流的量程。

电动式功率表也可以测量直流电功率,接线时注意电压线圈和电流线圈的极性应保持一致。

电动式功率表不论测量交流电路还是直流电路的功率,其指针偏转角均与被测电路的功率成正比,而且标尺的刻度是均匀的。

（2）功率表的使用

①单相电路功率的测量。电动式功率表指针的偏转方向是由通过电流线圈和电压线圈的电流方向决定的,如果改变一个线圈的电流方向,指针将反偏。为了保证指针正偏,通常在电流线圈和电压线圈的接线端标记"＊"号,叫作电源端。规定电源端接线规则:功率表电流线圈的电源端必须和电源相接,另一接线端与负载相接;电压线圈的电源端可与电流线圈的任一接线端相接,另一接线端跨接被测负载的另一端。按照这一规则接线,指针就不会反偏。

功率表的两种接线方式,即"前接法"和"后接法"。当被测负载功率小时,考虑功率表功率消耗对测量结果的影响,可根据情况选择适当的接方法。

◆ "前接法"的连接如图 2-31（a）所示。"前接法"接线的电流线圈中流过的电流是负载电流,但电压线圈两端电压包含负载电压和电流线圈的电压降,使得功率表的读数中多出了电流线圈的损耗。因此,"前接法"适用于负载电阻远大于电流线圈电

阻的测量。

✦ "后接法"的连接如图 2-31(b)所示。"后接法"的电压线圈上的电压等于负载电压，但电流线圈中的电流包含负载电流和电压线圈的电流，即功率表的读数中多出了电压线圈的损耗。因此，"后接法"比较适用于负载电阻远小于电压线圈电阻及大电流、大功率负载的测量。

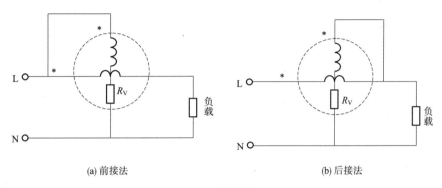

(a) 前接法　　　　　　　　　　(b) 后接法

图 2-31　功率表的接法

实际测量中，如果被测负载的功率很大，上述两种接线方法可任选。

✦ 功率表一般是多量程的，电动式功率表的多量程是通过电流和电压的多量程来实现的。功率表一般具有 2 个电流量程、2 个或 3 个电压量程。电流线圈分成两部分，引出 4 个接线端，因此把两组电流圈接成串联或并联时可以得到两种电流量程，高量程的测量范围恰好是低量程的两倍。串联连接是低量程，并联连接是高量程。单相功率表的连接方法如图 2-32 所示。

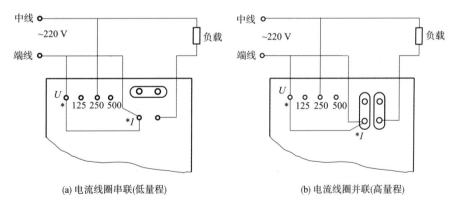

(a) 电流线圈串联(低量程)　　　　(b) 电流线圈并联(高量程)

图 2-32　单相功率表的连接方法

如果被测量电路的功率大于功率表的量程，则必须加接电流互感器与电压互感器扩大其量程，如图 2-33 所示。电路实际功率为：

$$P = k_1 k_2 P_1$$

式中，P 为实际功率；P_1 为功率表的读数；k_1 为电流互感器的比率；k_2 为电压互感器的比率。

②三相电路功率的测量：

用单相功率表测量三相电路的功率，可以采取一表法、二表法和三表法。

◆ 一表法的接线如图 2-34 所示，此方法用于对称三相电路，即用一只功率表测出其中一相的功率，则三相功率 $P = 3P_1$。

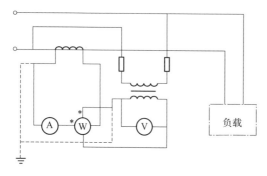

图 2-33　用电流互感器和电压互感器扩大单相功率表的量程

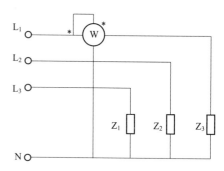

图 2-34　一表法接线图

◆ 二表法接线如图 2-35 所示，此方法适用于三相三线制电路。电路总功率为两只单相功率表的读数之和，即 $P = P_1 + P_2$。测量时，如果有一只功率表指针反偏（读数为负），可将显示负数的功率表的电流线圈接头反接，但不可将电压线圈反接。出现这种现象的原因是被测电路功率因数过低（在 0.5 以下），在这种情况下测得的功率为两只功率表读数之差。

◆ 三表法接线如图 2-36 所示，此方法适用于不对称的三相四线制电路，即用三只功率表分别测出三相的功率，则三相总功率等于 3 个功率表之和。

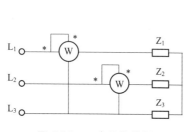

图 2-35　二表法接线图

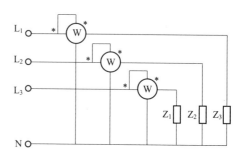

图 2-36　三表法接线图

③用三相功率表测量三相电路的功率。这种三相功率表相当于两只单相功率表的组合，它有两只电流线圈和电压线圈，其内部接线与两只单相功率表测量三相三线制电路相同，可直接用于测量三相三线制和对称三相四线制电路。

使用功率表应注意的事项：

◆ 选用功率表时，应使功率表的电流量程大于被测电路的最大工作电流，电压量程大于被测电路的最高工作电压。如果达不到要求，应加电流互感器和电压互感器扩大量程。

◆ 功率表在测量接线时，应注意电流线圈和电压线圈标有" * "号的同名端的连接是否正确,测量前要仔细检查核对。

✦ 功率表的表盘刻度一般不标明瓦特数,只标明分格数。不同电压量程和电流量程的功率表,每个分格所代表瓦特数不一样。读数时,应将指针所示分格数乘上分格常数,才是被测电路的实际功率值,即

$$P = \frac{U \times I}{W} \times \alpha \ (\text{W})$$

式中,U、I 分别是所选电压及电流的量程,W 是刻度尺上满刻度功率值,α 是指针所指示的刻度值。

例如,当所选电压及电流的量程分别是 $U = 250$ V,$I = 1$ A,仪表满刻度 $W = 125$ W,指针指在 75 刻度时的实际功率为

$$P = \frac{250 \times 1}{125} \times 75 = 150 \ (\text{W})$$

由上述可知,式中分式部分实际上是一个倍率值,不同的量程有不同的倍率。指针所指的刻度值乘上此倍率才是实际功率的读数。

2.3.4　兆欧表和钳形电流表

1. 兆 欧 表

兆欧表是一种测量电气设备及电路绝缘电阻的仪表。

(1)兆欧表的结构和工作原理

兆欧表的外形如图 2-37(a)所示,主要由一个手控高压直流发电机、两个线圈与兆欧表表针相连构成,其中一个线圈与表内附加电阻(R_Y)串联,另一个线圈与被测电阻(R_X)串联,并一起接到手摇发电机上,如图 2-37(b)所示。

摇动手柄时,直流发电机输出电流,其中一路电流 I_1 流入线圈 1 和被测电阻 R_X 的回路,另一路电流 I_2 流入线圈 2 和附加电阻 R_Y 的回路。线圈 1 和线圈 2 受到永久磁铁磁场的作用,分别产生转动力矩 T_1 和 T_2。由于两个线圈的绕向相反,两个力矩作用方向相反,其合力矩使指针发生偏转,当 $T_1 = T_2$ 时,指针静止不动,所指示值就是被测设备的绝缘电阻值。

由图 2-37 可见,兆欧表未接入电路时,相当于 $R_X = \infty$,线圈 1 回路电流 $I_1 = 0$,转矩 $T_1 = 0$,指针在 I_2 和 T_2 作用下,逆时针方向偏转至 $R_X = \infty$;如将输出端短接,即 $R_X = 0$,则 I_1 最大,在 T_1 与 T_2 的综合作用下,指针顺时针方向偏转至刻度盘的 $R_X = 0$ 处。

(2)兆欧表的使用方法

①测量前的检查:

✦ 检查兆欧表是否正常。将兆欧表水平放置,摇动手柄,正常时,指针应指到 ∞ 处,再慢慢摇动手柄,将输出端两接线柱瞬时短接,指针应迅速指零。

注意:输出端短接时间不能过长,否则会损坏兆欧表。

✦ 检查被测电气设备和电路,看是否已切断电源,绝对不允许带电测量。

✦ 由于被测设备或线路中可能存在的电容放电危及人身安全和兆欧表,测量前应对设备和线路进行放电,这样也可以减少测量误差。

②兆欧表的使用方法:

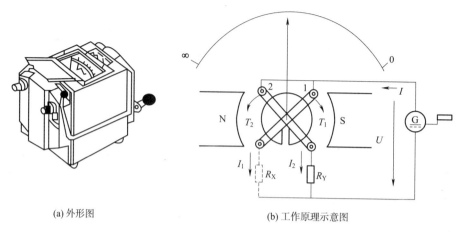

(a) 外形图　　　　　　　　　(b) 工作原理示意图

图 2-37　兆欧表的外形和工作原理示意图

◆ 将兆欧表水平放置在平稳牢固的地方,避免因抖动和倾斜所产生的测量误差。

◆ 正确连接线路。兆欧表有 3 个接线柱:L 为线路;E 为接地;G 为保护或称屏蔽端子。保护环的作用是消除表壳表面 L 与 E 接线柱间的漏电和被测绝缘物质表面漏电的影响。

　　例如,测量电气设备的对地绝缘电阻时,L 用单根导线接设备的待测部位,E 用单根导线接设备外壳;当测量电气设备内两绕组间绝缘电阻时,L 和 E 分别接两绕组的接线端;当测量电缆绝缘电阻时,L 接线芯,E 接外壳,G 接线芯与外壳之间的绝缘层,以消除表面漏电产生的误差。

　　注意:测量连接线必须用单根线,且绝缘好,不得用绞合线,表面不得与被测物体接触。

◆ 摇动手柄,转速控制在 120 r/min 左右,允许有 ±20% 的变化,但不得超过 25%。摇动 1 min 后,待指针稳定下来再读数。如果被测电路中有电容,则摇动时间要长一些,待电容充电完成,指针稳定下来再读数。测完后先拆接线,再停止摇动。测量中,若发现指针归零,应立即停止摇动手柄。

◆ 兆欧表未停止转动前,切勿用手触及设备的测量部分或摇表接线柱。测量完毕,应对设备充分放电,避免触电事故。

◆ 禁止在雷电时或附近有高压导体的设备上测量绝缘电阻。

◆ 兆欧表应定期校验,检查其测量误差是否在允许范围以内。

◆ 有的兆欧表的起始刻度不是零值,而是 1 MΩ 或者 2 MΩ,这种兆欧表不适合测量潮湿环境下的低压电气设备的绝缘电阻。在潮湿环境中,低压电气设备的绝缘电阻很小,有可能小于 1 MΩ,这时仪表上不能读出读数。

　　③兆欧表的选用。常用的兆欧表规格有 250 V、500 V、2 500 V、5 000 V 等挡级。选用兆欧表主要考虑它的输出电压及测量范围。一般高压电气设备和电路的检测使用电压高的兆欧表,低压电气设备和电路的检测使用电压较低的兆欧表。通常 500 V 以下的电气设备和电路的测量,选用 500 ~ 1 000 V 的兆欧表;而瓷瓶、母线、发闸等的测量,选用 2 500 V 以上的兆欧表。

选择兆欧表的测量范围时,要使测量范围适合被测绝缘电阻的数值,否则将发生较大的测量误差。

2. 钳形电流表

钳形电流表是一种用于测量正在运行的电气线路的电流大小的仪表,可在不断电的情况下测量电流。常用的钳形电流表有指针式和数字式两种,指针式钳形电流表测量的准确度较低,通常为 2.5 级或 5.0 级。

(1) 指针式钳形电流的结构和工作原理

指针式钳形电流表的外形结构和原理示意图如图 2-38 所示。测量部分主要由一只电磁式电流表和穿芯式电流互感器组成。穿芯式电流互感器铁芯做成活动开口,且成钳形,故名钳形电流表。穿芯式电流互感器的原边绕组为穿过互感器中心的被测导线,副边绕组则缠绕在铁芯上与整流电流表相连。旋钮实际上是一个量程开关,扳手用于控制穿芯式互感器铁芯的开合,以便使其钳入被测导线。

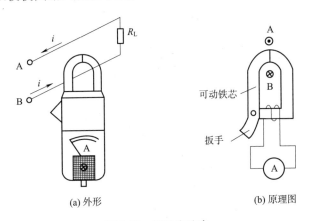

(a) 外形　　　　(b) 原理图

图 2-38　钳形电流表

测量时,按动扳手,钳口打开,将被测载流导线置于穿芯式电流互感器的中间,当被测载流导线中有交变电流通过时,交流电流的磁通在互感器副绕组中感应出电流,使电磁式电流表的指针发生偏转,在表盘上可读出被测电流值。

(2) 钳形电流表的使用方法

为保证仪表的安全和测量准确,必须掌握钳形电流表的正确使用方法。

①测量前,应检查指针是否在零位,否则,应进行机械调零。还应检查钳口的开合情况,要求可动部分开合自如,钳口结合面接触紧密。钳口上如有油污、杂物、锈斑,均会降低测量精度。

②测量时,量程选择旋钮应置于适当位置,以便测量时指针处于刻度盘中间区域,减少测量误差。如果不能估计出被测电路电流的大小,可先将量程选择旋钮置于高挡位,再根据指针偏转情况将量程调到合适位置。

③如果被测电路电流太小,即使放到低量程挡,指针的偏转也不大,可将被测载流导线在钳口部分的铁芯上缠绕几圈再测量,然后将读数除以穿入钳口内导线的根数即为实际电流值。

④测量时,将被测导线置于钳口内中心位置,可减小测量误差。

⑤钳形表用完后,应将量程选择旋钮放至最高挡,防止下次使用时操作不慎损坏仪表。

技能训练 常用电工仪表的使用训练

1. 训练目标

①掌握指针式和数字式万用表的使用方法,能用万用表测量电压、电流、电阻和晶体管的参数。

②学会用电流表、电压表测量直流电流、直流电压和交流电流、交流电压。

③学会用功率表测量电功率。

④掌握兆欧表的使用方法,学会用兆欧表测量绝缘电阻。

⑤学会用钳形电流表直接测量线路的电流。

2. 器材与工具

常用电工工具,1 套;指针式、数字式万用表、交流电压表(500 V)、电流表(2 A)、功率表(D26-W)、兆欧表、钳形电流表,各 1 块;导线,若干;电阻器:10 Ω、51 Ω、510 Ω、1 kΩ、5.1 kΩ、10 kΩ、51 kΩ、150 kΩ,各 1 只;1.5 V、9 V 干电池,各 1 只;晶体管 PNP、NPN 型,各 1 只;直流稳压电源,1 台;小型三相笼形异步电动机,1 台。

3. 训练指导

(1)分别用指针式万用表、数字式万用表测量交流电压

分别用指针式万用表、数字式万用表测量实验室电源的相电压和线电压,将测量值填入表 2-2 中。

表 2-2 交流电压的测量

测 量 对 象	电源相电压	电源线电压
用指针式万用表的测量值		
用数字式万用表的测量值		

(2)分别用指针式万用表、数字式万用表测量直流电压

分别用指针式万用表、数字式万用表测量 1.5 V、9 V 干电池两端的电压,将测量值填入表 2-3 中。

表 2-3 直流电压的测量

测 量 对 象	1.5 V 干电池两端的电压	9 V 干电池两端的电压
用指针式万用表的测量值		
用数字式万用表的测量值		

(3)分别用指针式万用表、数字式万用表测量直流电流

分别将指针式万用表、数字式万用表的直流电流挡串联在由 9 V 的干电池与阻值分别为 100 Ω、10 kΩ 的电阻所连接成的闭合直流电路中,测量电路中的电流值,将测量数据填入表 2-4 中。

表 2-4　直流电流的测量

测 量 对 象	电阻为 100 Ω 时，电路的电流	电阻为 10 kΩ 时，电路的电流
用指针式万用表的测量值		
用数字式万用表的测量值		

（4）分别用指针式万用表、数字式万用表测量电阻值

用指针式万用表和数字式万用表的欧姆挡分别测量不同的电阻值，将测量的数据填入表 2-5 中。

表 2-5　电阻的测量

测 量 对 象	51 Ω	510 Ω	1 kΩ	10 kΩ	51 kΩ	150 kΩ
用指针式万用表的测量值						
用数字式万用表的测量值						

（5）分别用指针式万用表、数字式万用表测量晶体管放大系数 h_{FE}

用指针式万用表和数字式万用表的 h_{FE} 挡分别测量 PNP 型和 NPN 型晶体管的 h_{FE} 值，将测量的数据填入表 2-6 中。

表 2-6　晶体管放大系数 h_{FE} 的测量

测 量 对 象	PNP 型晶体管的 h_{FE}	NPN 型晶体管的 h_{FE}
用指针式万用表的测量值		
用数字式万用表的测量值		

（6）直流电流、电压的测量

分别按图 2-24 和图 2-28 接线，选择合适的量程测量电路中的电流和电压，将测量数据填入表 2-7 中。

表 2-7　直流电流、电压的测量

直流稳压电源分别调整为	5 V	10 V	20 V	30 V
电流测量值/mA				
电压测量值/V				

（7）三相电压电流及功率的测量

三相电动机采用星形连接，D26-W 功率表按图 2-34 接线，其中电压选择 500 V、电流选择 2A 接线端。将 2A 交流电流表接电源线 L_2 中，500 V 交流电压表并入电源线 L_2、L_3 两端，然后接电源，将测量数据填入表 2-8 中。

表 2-8　三相电压、电流及功率的测量

内　容	电　动　机		起动电流/A	运行电流/A	运行电压/V	功率/W
项目	额定电压/V	额定电流/A				
参数						

（8）测量三相异步电动机的绝缘电阻

①观察兆欧表的面板、各端子,熟悉使用方法。检查兆欧表,先将 L、E 两个端钮开路,手摇发电机,使发电机的转速达到额定转速 120 r/min,观察指针是否指向"∞"处,再将 L端和 E 端短接,缓慢摇动手柄,观察指针是否指在"0"位上。如果观察到的指针位置不对,表明兆欧表有故障,必须检修后才能使用。

②切断被测电动机的电源,打开接线盒,将电动机的导电部分接地,进行充分放电。

③测量各相绕组对地的绝缘电阻。将兆欧表的 E 端与电动机的外壳相接,L 端与电动机被测绕组接线端相接,转动发电机摇柄应由慢渐快至 120 r/min 左右,匀速摇动 1 min左右读数,将数据填入表 2-9 中。

④测量电动机两相绕组之间的绝缘电阻将兆欧表的"E"和"L"端分别与所测的两相绕组接线端相接,转动发电机摇柄由慢渐快至 120 r/min 左右,匀速摇动 1 min 左右读数,将数据填入表 2-9 中。

表 2-9　三相异步电动机绕组绝缘电阻的测量

三相异步电动机			兆　欧　表		绝缘电阻/MΩ					
型号	功率/kW	接法	型号	规格	U-外壳	V-外壳	W-外壳	U-V 间	U-W 间	V-W 间

(9)用钳形电流表测量三相异步电动机的工作电流

①观察钳形电流表的面板结构,熟悉使用方法。

②连接三相异步电动机线路。检查无误,接通电动机电源,空载起动。

③电动机正常运行后,用钳形电流表分别测量电动机定子绕组的工作电流。分别测量三组,将测量数据填入表 2-10 中。

表 2-10　三相异步电动机工作电流测量

测 量 项 目	I_U			I_V			I_W		
测量值									
平均值									

4. 注意事项

①用万用表测量电压、电流时,先估算待测电压、电流的大小,选择合适的量程,一般先选大一些的量程挡,进行读数,如果读数太小再换小量程挡,但所选量程必须大于被测量,使指针在刻度尺的 1/3～2/3 之间。严禁用万用表的欧姆挡测量电压、电流。

②用指针式万用表测量电阻和 h_{FE} 时注意调零。

③测量直流电压、电流时,电压表和电流表不要用错,以防短路。

④三相电动机的额定电压为 380 V,电压较高,测试时注意安全,通电时不准触摸,以防触电。

⑤三相电动机的起动电流读电流表摆动的最大值。

⑥在摇动兆欧表手柄的过程中,若发现指针指零,说明被测绝缘物发生短路,应立即停止摇动。

⑦测量后,在兆欧表没有停止转动和被测设备没有放电之前,不要用手去触及被测设

备的测量部分或拆除导线,以防电击。

⑧电动机外壳必须可靠接地。

⑨测量时要注意安全,防止发生触电。

思考练习题

①电工测量仪表的用途是什么? 它们是如何分类的?

②常用的测量方法有哪些? 是如何进行测量的?

③什么是测量误差? 如何进行分类? 如何消除测量误差?

④测量仪表由哪些部分组成? 其工作原理是什么?

⑤选用电工测量仪表时应考虑哪些因素?

⑥使用指针式万用表时要注意哪些问题? 用指针式万用表测量电阻时应注意哪些问题? 测量交、直流电压时应注意哪些问题?

⑦用指针式万用表和数字式万用表测量电阻时,操作方法有何不同? 为什么? 指针式万用表和数字式万用表的红、黑表笔接表内的电池极性有何不同?

⑧如果未测量时指针式万用表的指针不在机械零位,如何调整? 调整后如果还不在零位,测量时对测量值应如何修正?

⑨如何进行电流表的量程扩展? 如何进行电压表的量程扩展?

⑩功率表为什么有 4 个接线端子? 应如何连接?

⑪单相功率表在使用时,什么情况下采用"前接法"? 在什么情况下采用"后接法"?

⑫为什么在兆欧表未停止转动前,不能用手触及设备的测量部分或兆欧表的接线桩? 测量完毕后为什么对设备要充分放电?

项目 3

低压配线与室内照明灯具的安装技能训练

项目内容

- ✦ 低压配线导线的种类和选用。
- ✦ 绝缘导线的连接、焊接及绝缘层的恢复方法。
- ✦ 室内配电线路的安装。
- ✦ 常用灯具的安装。
- ✦ 电能表的安装。

项目目标

- ✦ 了解低压配线导线的种类和选择要求。
- ✦ 掌握导线连接的操作方法及工艺要求。
- ✦ 掌握塑料护套线、PVC 管配线和板槽配线的施工步骤和工艺要求。
- ✦ 掌握常用照明灯具的安装方法。
- ✦ 掌握单相、三相电能表的安装操作方法。

任务 3.1　低压绝缘导线的选用与连接技能训练

在供配电线路中,使用的导线主要有电线和电缆,正确地选用电线和电缆,对于保证供电系统安全、可靠、经济、合理的运行,有着十分重要的意义。导线连接部位是线路的薄弱环节,如果连接部位接触不良或松脱,其接触电阻就会增大,使连接部位处过热,以致损坏绝缘,甚至造成触电或火灾事故。

相关知识   低压绝缘导线的连接与绝缘层的恢复

3.1.1 导线的选择

导线又称电线,常用的导线可分为绝缘导线和裸导线两类。导线的线芯要求导电性能好、机械强度大、质地均匀,表面光滑、无裂纹,耐蚀性好。导线的绝缘包皮要求绝缘性能好,质地柔韧且具有相当的机械强度,能耐酸、油、臭氧的侵蚀。

1. 常用导线的种类

常用的导线一般分为硬导线和软导线两大类,也可分为裸导线和包有绝缘层的绝缘导线两大类。硬导线又有单股、多股以及多股混合等不同种类。软导线多为绝缘导线,其芯线是多股细铜丝。

在导线的产品型号中,铜线的标志是 T,铝线的标志是 L,为了简化型号,铜电线电缆的 T 有时可以省略。另外,根据材料的软硬程度,在 T 或 L 后面还标有 R(表示软的)、Y(表示硬的)、J(表示绞合线)。截面积用数字表示,例如,LJ-35 表示截面为 35 mm^2 的铝绞线,LGJ-50/8 表示截面为 50 mm^2 的钢芯铝绞线(50 是指铝芯截面,8 是指钢芯截面)。

(1)裸导线

没有绝缘包皮的导线称为裸导线。裸导线一般分为铜绞线、铝绞线、钢绞线,是由多根单线绞合在一起的。铝绞线又分带钢芯和不带钢芯的,其中带钢芯的又有单芯和多芯之分。

铜绞线一般用在低压架空线;铝绞线一般用在高压架空线;钢绞线一般用在高压架空线的屏蔽线(避雷线)及电杆拉线。

(2)绝缘导线

①绝缘导线的结构和型号。具有绝缘包层的电线称为绝缘导线。绝缘导线按其芯线材料分为铜芯和铝芯;按股数分为单股和多股;按线芯分为单芯、双芯、三芯、四芯、五芯和多芯;按绝缘分为橡皮(X)绝缘和塑料(V)绝缘。

绝缘导线的型号:例如,BV-1.5 表示是截面 1.5 mm^2 的塑料铜芯线;BVVR-3×2.5 表示是三芯、截面 2.5 mm^2 铜芯塑料软护套线;BVL-6 表示截面为 6 mm^2 的铝芯塑料线。

②橡皮绝缘导线。橡皮绝缘导线是由橡皮于绝缘层再包一层棉纱或玻璃纤维作保护层的导线。单股用于室内敷设,多股用于低压架空线。由于塑料绝缘线的优势与推广,橡皮绝缘线基本被取代。

③塑料绝缘导线。塑料绝缘导线用聚氯乙烯作绝缘包层,又称塑料线,具有耐油、耐酸、耐腐蚀、防潮、防霉等特点,常用作 500 V 以下室内照明线路,也可直接敷设在空心板或墙壁上。

常用绝缘导线的载流量参考值如表 3-1 所示。

表 3-1   常用绝缘导线的载流量参考值

线芯截面积/mm^2	橡皮绝缘电线安全载流量/A		聚氯乙烯绝缘电线安全载流量/A	
	铜　芯	铝　芯	铜　芯	铝　芯
0.75	18	—	16	—
1.0	21	—	19	—

线芯截面积/mm²	橡皮绝缘电线安全载流量/A		聚氯乙烯绝缘电线安全载流量/A	
	铜 芯	铝 芯	铜 芯	铝 芯
1.5	27	19	24	18
2.5	33	27	32	25
4	45	35	42	32
6	58	45	55	42
10	85	65	75	59
16	110	85	105	80

2. 常用导线的用途

表 3-2 列出了常用导线的种类和用途。

表 3-2 常用导线的种类和用途

名 称	型 号	用 途
普通绞线	铝绞线 LJ	用于挡距较小的一般配电架空线路
	铝合金绞线 HL1J	用于一般输配电架空线路
	铝合金绞线 HL2J	
	铝包钢绞线 GLJ	用于重水区或大跨越输配电架空线路及通信避雷线
	钢芯铝绞线 LGJ普通型	用于输配电架空线路
	钢芯铝绞线 LGJQ轻型、LGJJ加强型	同 LGJ 型
通用绝缘电线	橡胶绝缘电线 BX、BXL	固定敷设于室内或室外,明敷、暗敷或穿管,作为设备安装用线
	氯丁橡胶绝缘电线 BXF、BLXF	同 BX 型,耐气候性,用适于室外
	橡胶绝缘软电线 BXR	同 BX 型,仅用于安装时要求柔软的场所
	橡胶绝缘和护套电线 BXHF、BXLHF	同 BX 型,适用于较潮湿的场所和作为室外进户线
	聚氯乙烯绝缘电线 BV、BLV	同 BX 型,但耐湿性和耐气候性较好
	聚氯乙烯绝缘软电线 BVR	同 BV 型,仅用于安装时要求柔软的场所
	聚氯乙烯绝缘和护套电线 BVV、BLVV	同 BV 型,用于潮湿和机械防护要求较高的场所,可直埋土壤中
	耐热 105 ℃ 聚氯乙绝缘电线 BV-105、B1V-105	同 BV 型,用于 45 ℃ 及以上高温环境中
	耐热 105 ℃ 聚氯乙绝缘软电线 BVR-105	同 BVR 型,用于 45 ℃ 及以上高温环境中
通用绝缘软线	聚氯乙烯绝缘软线 RV(单芯) RVB(两芯绞型) RVS(两芯平型)	供各种移动电器、仪表、电信设备、自动化装置接线用,也作为内部安装用线,安装时环境温度不低于 −15 ℃
	耐热 105 ℃ 聚氯乙烯绝缘软线 RV-105	同 RV 型,用于 45 ℃ 及以上高温环境中

名　称	型　号		用　途
通用绝缘软线	聚氯乙烯绝缘和护套软线	RVV	同 RV 型,用于潮湿和机械防护要求较高及经常移动、弯曲的场所
	丁腈聚氯乙烯复合物绝缘软线	RFS(两芯绞型) RFB(两芯平型)	同 RVB、RVS 型,但低温柔软较好
棉纱编织橡胶绝缘线	棉纱编织橡胶绝缘双绞(平)型软线	RXS(RXB)	室内日用电器、照明用电源线
	棉纱编织橡胶绝缘软线	RX	同 RXS(RXB)型
绝缘架空线	铜芯交联聚乙烯绝缘架空电缆	JKYJ	1 kV 架空电力线路
	铝芯交联聚乙烯绝缘架空电缆	JKLYJ	10 kV 及以下架空电力路

3. 导线的选择

室内配线的导线截面,应根据导线的允许载流量、线路的允许电压损失、导线的机械强度等条件选择。一般先按允许载流量选定导线截面,再以其他条件进行校验。

(1)导线材料的选择

低压线路一般适用的导线及电缆为铝芯线及铜芯线。在高压输电线上,一般选择钢芯铝绞线。

(2)导线绝缘与护套选择

①塑料绝缘导线。塑料绝缘导线的绝缘性能良好、制造工艺简便、价格较低。缺点是对气候适应性能较差,低温时易变硬发脆,高温或日光照射下增塑剂容易挥发而使绝缘老化加快,因此,塑料绝缘导线不宜在重要场所和室外敷设。

②橡皮绝缘导线。橡皮绝缘导线抗张强度、抗撕性和回弹性较好,但耐热老化性能和大气老化性能较差,不耐臭氧,不耐油和有机溶剂,易燃。

③氯丁橡皮绝缘电线。氯丁橡皮绝缘电线的特点是耐油性能较好,不易霉,不易燃,适应气候性能好,老化过程缓慢,老化时间约为普通橡皮绝缘电线的 2 倍,因此适宜在室外敷设。绝缘层机械强度比普通橡皮绝缘稍弱。

④聚氯乙烯绝缘及护套电力电缆。聚氯乙烯绝缘及护套电力电缆的制造工艺简便,没有敷设高差限制,可以在很大范围内代替油浸纸绝缘电缆。

⑤橡皮绝缘电力电缆。橡皮绝缘电力电缆的弯曲性能较好,能够在严寒气候下敷设,特别适用水平高差大和垂直敷设的场合。它不仅适用于固定敷设的线路,也可用于临时敷设线路。

(3)导线截面的选择

①按允许载流量选择。导线的允许载流量也称为导线的安全载流量或导线的安全电流值。一般导线的最高允许工作温度为 65 ℃,若超过这个温度,导线的绝缘层就会加速老化,甚至变质损坏而引起火灾。导线的允许载流量就是导线的工作温度不超过 65 ℃时,可长期通过的最大电流值。

由于导线的工作温度除与通过导线的电流有关外,还与导线的散热条件和环境温度有关,所以导线的载流量并非是某一固定值。同一导线采不同的敷设方式或处于不同的环境温度时,其允许载流量也不相同。环境温度越高,允许的载流量越小。不同敷设方式的导线允许载流量,请参阅相关资料。

②按机械强度选择。由于导线本身的重量,以及风、雨、冰、雪等原因,使导线承受一定的应力,如果导线过细,就容易折断,将引起停电事故。因此在选择导线时,必须考虑导线的机械强度。有些小负荷的设备,虽然选择很小的截面就能满足允许电流和电压损失的要求,但还必须查看其是否满足导线的机械强度所允许的最小截面,如果这项要求不能满足,就要按导线的机械强度所允许的最小截面重新选择。表3-3列出了机械强度允许的导线最小截面。

表 3-3　机械强度允许的导线最小截面

用　　途		线芯的最小截面/mm²		
		铜 芯 软 线	铜　　线	铝　　线
照明用灯头引下线	民间建筑的屋内	0.4	0.5	1.5
	工业建筑的屋内	0.5	0.8	2.5
	屋外	1.0	1.0	2.5
移动式用电设备	生活用	0.2		
	生产用	1.0		
架设在绝缘支持件上的绝缘导线,其支持点间的距离	2 m 及以下,屋内		1.0	2.5
	2 m 及以下,屋外		1.5	2.5
	6 m 及以下		2.5	4.0
	15 m 及以下		4.0	6.0
	25 m 及以下		6.0	10
穿管敷设的绝缘导线		1.0	1.0	2.5
塑料护套线沿墙明设			1.0	2.5
板孔穿线敷设的导线			1.5	2.5

③按线路允许的电压损失选择。由于线路存在阻抗,当负荷电流流过时,要产生电压损失。在通过最大负荷时产生的电压损失(ΔU)与线路额定电压 U_N 的比值,称为电压损失率,即 $\Delta U\% = \dfrac{\Delta U}{U_N} \times 100\%$。

电压损失率可以通过计算求得,也可以用查表法简便求得。查表法是根据线路电压、导线线型、截面和负荷因数查表,得出每兆瓦千米的电压损失率,然后简单计算出所求兆瓦千米的电压损失率。

线路允许的电压损失率,按用户性质有不同规定:对高压动力系统线路允许电压损失率为5%;城镇低压电网线路允许电压损失率为4%~5%;农村低压电网线路允许电压损失率为7%;对视觉要求较高的照明线路,线路允许电压损失率为2%~3%。

在选择导线截面时,除了考虑主要因素外,为了同时满足前述几个方面的要求,必须以计算所求得的几个截面中的最大者为准,再从电线产品目录中选用稍大于所求得的线芯截面。

3.1.2　绝缘导线的连接

在安装线路时,经常遇到导线不够长或要分接支路,需要把一根导线与另一根导线连接起来或把导线端头固定于电气设备上,这些连接点处通常称为接头。

导线的连接应符合连接紧密、接触电阻最小、耐腐蚀、连接处的机械强度和绝缘强度应该与非连接处相同的要求。

由于导线的材料、线径的大小和连接的要求不同,所以连接的方法不同。常用的连接方法有绞接、焊接、压接和螺栓连接等。

绝缘导线的连接分为剖削绝缘层、导线线芯连接、导线焊接或压接(含导线的封端)和恢复绝缘层 4 个步骤。

1. 剖削绝缘层

在连接前,必须先剖削导线的绝缘层,要求剖削后的芯线长度必须适合连接需要,不应过长或过短,且不应损伤芯线。

(1)塑料硬线绝缘层的剖削方法

①用钢丝钳剖削塑料硬线绝缘层。线芯截面在 4 mm² 及以下的塑料硬线,其绝缘层可用电工钢丝钳或剥线钳进行剖削,用电工钢丝钳剖削的方法如图 3-1 所示。先在线头所需长度处,用钢丝钳口轻轻切破绝缘层表皮,然后左手拉紧导线,右手适当用力捏住钢丝钳头部,用力向外勒去绝缘层。

注意:不能用力过大,切痕不可过深,以免伤及线芯,在勒去绝缘层时,不可在钳口处加剪切力,这样会伤及线芯,甚至将导线剪断。

②对于规格大于 4 mm² 的塑料硬线的绝缘层,直接用钢丝钳剖削较为困难,可用电工刀剖削,方法如图 3-2 所示。先根据线头所需长度,用电工刀刀口对导线成 45°角切入塑料绝缘层,注意掌握刀口刚好削透绝缘层而不伤及线芯,如图 3-2(a)所示。然后,调整刀口与导线间的角度以 25°角向前推进,将绝缘层削出一个缺口,如图 3-2(b)所示。接着将未削去的绝缘层向后扳翻,再用电工刀切齐,如图 3-2(c)所示。

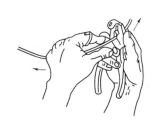

图 3-1　用钢丝钳勒去导线绝缘层

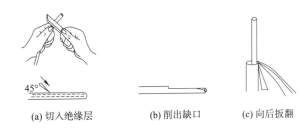

(a) 切入绝缘层　　　(b) 削出缺口　　　(c) 向后扳翻

图 3-2　用电工刀剖削塑料硬线

(2)塑料软线绝缘层的剖削

塑料软线绝缘层剖削除用剥线钳外,仍可用钢丝钳直接剖削截面为 4 mm² 及以下的导线,方法与用钢丝钳剖削塑料硬线绝缘层相同,但不能用电工刀剖削。因为塑料软线太软,线芯又由多股铜丝组成,用电工刀很容易伤及线芯。软线绝缘层剖削后,要求不存在断股(一根细芯线称为一股)和长股(即部分细芯线较其余细芯线长,出现端头长短不齐)现象,否则应切断后重新剖削。

（3）塑料护套线绝缘层的剖削

塑料护套线绝缘层分为外层的公共护套层和内部每根芯线的绝缘层。公共护套层一般用电工刀剖削，先按线头所需长度，将刀尖对准两股芯线的中缝划开护套层，并将护套层向后扳翻，然后用电工刀齐根切去。

切去护套层后，露出的每根芯线绝缘层可用钢丝钳或电工刀按照剖削塑料硬线绝缘层的方法分别除去。钢丝钳或电工刀在切入时切口应离护套层 0.5~1 cm。

（4）橡皮线绝缘层的剖削

橡皮线绝缘层外面有一层柔韧的纤维编织保护层，先用剖削护套线护套层的办法，用电工刀尖划开纤维编织层，并将其扳翻后齐根切去，再用剖削塑料硬线绝缘层的方法，除去橡皮绝缘层。如果橡皮绝缘层内的芯线上还缠绕着棉纱，可将该棉纱层松开，齐根切去。

（5）花线绝缘层的剖削

花线绝缘层分外层和内层，外层是一层柔韧的棉纱编织层。剖削时先用电工刀在线头所需长度处切割一圈拉去，然后在距离棉纱编织层 10 mm 左右处用钢丝钳按照剖削塑料软线的方法将内层的橡皮绝缘层勒去。有的花线在紧贴线芯处还包缠有棉纱层，在勒去橡皮绝缘层后，再将棉纱层松开扳翻，齐根切去。

（6）橡套软电缆线绝缘层的剖削

用电工刀从端头任意两芯线缝隙中割破部分护套层，然后把割破已分成两片的护套层连同芯线（分成两组）一起进行反向分拉来撕破护套层，直到所需长度。再将护套层向后扳翻，在根部分别切断。

橡套软电缆一般作为田间或工地施工现场临时电源馈线，使用机会较多，受外界拉力较大，所以护套层内除有芯线外，尚有 2~5 根加强麻线。这些麻线不应在护套层切口根部剪去，应扣结加固，余端也应固定在插头或电具内的防拉板中。芯线绝缘层可按塑料绝缘软线的方法进行剖削。

（7）漆包线绝缘层的去除

漆包线绝缘层是喷涂在芯线上的绝缘漆层。由于线径的不同，去除绝缘层的方法也不一样。直径在 0.6 mm 以上的，可用细砂纸或薄刀片小心磨去或刮去；直径在 0.1 mm 及以下的可用细砂纸或纱布轻轻擦除，但易于折断，需要小心。有时为了确保漆包线的芯线直径准确以便于测量，也可用微火烤焦其线头绝缘层，再轻轻刮去。

（8）铅包线护套层和绝缘层的剖削

铅包线绝缘层分为外部铅包层和内部芯线绝缘层，剖削时先用电工刀在铅包层上切下一个刀痕，再用双手来回扳动切口处，将其折断，将铅包层拉出来。内部芯线的绝缘层的剖削与塑料硬线绝缘层的剖削方法相同，操作过程如图 3-3 所示。

2. 导线线芯连接

（1）铜芯导线的连接

①单股铜芯线的连接。单股芯线有绞接和缠绕两种方法。

◆ 绞接法：用绞接法连接导线的方法是先将芯线直径约 40 倍长剥去线端绝缘层，并勒直芯线再按以下步骤进行。

(a) 剖切铅包层   (b) 折断和拉出铅包层   (c) 剖削芯线绝缘层

图 3-3 铅包线绝缘层的剖削

◆ 把两根线头在离芯线根部的 1/3 处呈"×"状交叉,如图 3-4(a)所示。

◆ 把两线头如麻花状互相紧绞合 2~3 圈,如图 3-4(b)所示。

◆ 先把一根线头扳起与另一根处于下边的线头保持垂直,如图 3-4(c)所示。

◆ 把扳起的线头按顺时针方向在另一根线头上紧缠 6~8 圈,圈间不应有缝隙,且应垂直排绕。缠毕切去芯线余端,并钳平切口,不准留有切口毛刺,如图 3-4(d)所示。

◆ 另一端头的加工方法,按上述步骤第(c)、(d)步操作。连接好的导线如图 3-4(e)所示。

绞接法适用于截面较小的单股铜芯导线的连接。

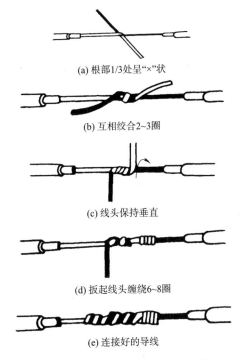

(a) 根部1/3处呈"×"状

(b) 互相绞合2~3圈

(c)线头保持垂直

(d) 扳起线头缠绕6~8圈

(e)连接好的导线

图 3-4 单股铜芯线的绞接法连接

b. **缠绕法。**用缠绕法连接导线的方法是将已去除绝缘层和氧化层的线头相对交叠,再用 1.5 mm² 的裸铜线做缠绕线在其上进行缠绕,当要连接的铜导线直径在 5 mm 及以下时,绑线缠绕长度为 60 mm,如图 3-5(a)所示;当导线直径大于 5 mm 时,绑线缠绕长度为 90 mm,即图 3-5(b)中所示绑线缠绕长度为导线直径的 10 倍以上。

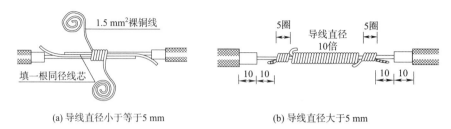

(a) 导线直径小于等于5 mm   (b) 导线直径大于5 mm

图 3-5　用缠绕法直线连接单股铜芯线

缠绕法适用于截面较大的单股铜芯导线的连接。

②单股铜芯线的 T 形连接。单股芯线 T 形连接时仍可用绞接法和缠绕法。绞接法是先将除去绝缘层和氧化层的支路芯线与干路芯线剖削处的芯线十字相交,注意在支路芯线根部留出 3～5 mm 裸线,接着顺时针方向将支路芯线在干路芯线上紧密缠绕 6～8 圈(见图 3-6),然后剪去多余线头,修整掉毛刺。

③单股铜芯线打结绞绕连接。打结绞绕连接法,又称丁字接头打结分支绞线连接法,如图 3-7 所示。把支路导线线头的芯线(导线直径小于 2.6 mm)垂直于干线芯线上,并打个"倒背结"绳扣似的倒扣;将支路芯线抽紧扳直,并环绕干线芯线紧密缠绕 5 圈后用钢丝钳切去余下的芯线;钳平切口毛刺。

图 3-6　单股铜芯线 T 形连接   **图 3-7　单股铜芯导线打结绞绕连接**

④单股铜芯线十字分支线自绞绕连接。单股铜芯导线小截面十字分支线自绞绕连接法有两种连接方法,如图 3-8 所示。

方法 1:把两分支路线头的芯线的相并处,垂直交在干线的芯线上,并排紧按顺时针方向缠绕在干线上。该方法特点是互相接触面大。

方法 2:把两分支路线头芯线的相并处,垂直交在干线的芯线上,分别各自按相反方向缠绕在干线上。该方法特点是互相不绞缠,便于检修。

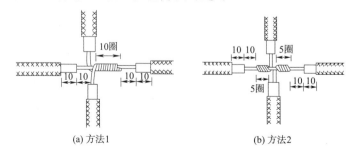

(a) 方法1   (b) 方法2

图 3-8　单股铜芯导线十字分支线自绞绕连接

⑤单股铜芯线与多股铜芯线的分支连接。先按单股铜芯线直径约 20 倍的长度剥除多股线连接处的中间绝缘层,并按多股线的单股芯线直径的 100 倍左右剥去单股线的线端绝缘层,并勒直芯线,再按以下步骤进行。

◆ 在离多股线的左端绝缘层切口 3 ~ 5 mm 处的芯线上,用一字螺丝刀把多股芯线分成较均匀的组(如 7 股线的芯线以 3 股、4 股分),如图 3-9(a)所示。

◆ 把单股铜芯线插入多股铜芯线的两芯线中间,但单股铜芯线不可插到底,应使绝缘层切口离多股铜芯线 3 mm 左右。同时,应尽可能使单股铜芯线向多股铜芯线的左端靠近,以达到距多股线绝缘层的切口不大于 5 mm。接着用钢丝钳把多股线的插缝钳平、钳紧,如图 3-9(b)所示。

◆ 把单股铜芯线按顺时针方向紧缠在多股铜芯线上,务必要使每圈直径垂直于多股铜芯线轴心,并应使各圈紧挨密排,绕足 10 圈,然后切断余端,钳平切口毛刺,如图 3-9(c)所示。

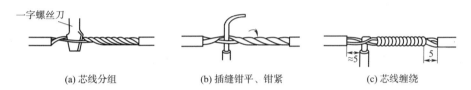

(a) 芯线分组　　　　　　(b) 插缝钳平、钳紧　　　　　(c) 芯线缠绕

图 3-9　单股铜芯线与多股铜线芯线的分支连接

⑥多股铜芯线的直接连接。多股铜芯线的直接连接按以下步骤进行:

◆ 先将剖去绝缘层的芯线头拉直,接着把芯线头全长的 1/3 根部进一步绞紧,然后把余下的 2/3 根部的芯线头,按如图 3-10(a)所示方法,分散成伞骨状,并将每股芯线拉直。

◆ 把两导线的伞骨状线头隔股对叉,然后捏平两端每股线,如图 3-10(b)、(c)所示。

◆ 先把一端的 7 股芯线按 2、2、3 股分成三组,接着把第一组股芯线扳起,垂直于芯线,如图 3-10(d)所示。然后,按顺时针方向紧贴并缠绕两圈,再扳成与芯线平行的直角,如图 3-10(e)所示。

◆ 按照上一步骤相同的方法继续紧缠绕第二和第三组芯线,但在后一组芯线扳起时,如图 3-10(f)、(g)所示,第三组芯线应紧缠三圈,如图 3-10(h)所示。每组多余的芯线端应剪去,并钳平切口毛刺。导线的另一端连接方法相同。

⑦多股铜芯线的分支连接。先将干线在连接处按支线的单股铜芯线直径约 60 倍长度处剥去绝缘层。支线线头绝缘层的剥离长度约为干线单股铜芯线直径的 80 倍左右,再按以下步骤进行:

◆ 把支线线头离绝缘层切口根部约 1/10 的一段芯线进一步绞紧,把余下的 9/10 芯线头松散,并逐根勒直后分成较均匀且排成并列的两组(如 7 股线按 3、4 分),如图 3-11(a)和(b)所示。

◆ 在干线芯线中间略偏一端部位,用一字螺丝刀插入芯线股间,分成较均匀的两组。接着把支线略多的一组支线插入干线芯线的缝隙中。同时移动位置,使干线芯线约 2/5 和 3/5 分留两端,供两组支线缠绕,如图 3-11(b)所示。

◆ 先钳紧干线芯线插口处,将插接的右边的支线在右边干线芯线上按顺时针方向垂直地紧紧缠绕3～4圈,剪去多余的线头,钳平端头,修去毛刺,如图3-11(c)所示。

◆ 同样,将插接的左边的支线在左边干线上以相反方向缠绕3～4圈,芯线端口也应不留毛刺,如图3-11(d)所示。

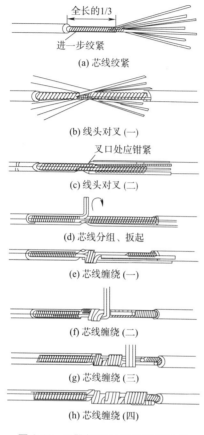

图3-10　7股铜芯导线的直接连接

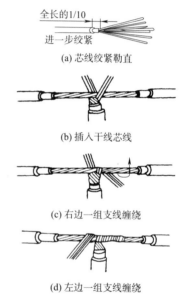

图3-11　多股铜芯线的分支连接

⑧双芯线的直线连接。双芯线的直线连接如图3-12所示,连接方法与单股铜芯导线的直线连接方法相同。

（2）导线与接线柱的连接

①线头与针孔接线柱的连接。端子板、某些熔断器、电工仪表等的接线部位多是利用针孔附有压接螺钉压住线头完成连接的。若线路容量小,可用一只螺钉压接;若线路容量较大,或接头要求较高时,应该用两只螺钉压接。

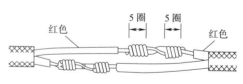

图3-12　双芯线的直线连接

◆ 单股芯线与接线柱连接时,最好按要求的长度将线头折成双股并排插入针孔,使压接螺钉顶紧双股芯线的中间。如果线头较粗,双股插不进针孔,也可直接用单股,但芯线在插入针孔前,应稍微朝着针孔上方弯曲,以防压紧螺钉稍松时线头脱出,如

图 3-13 所示。

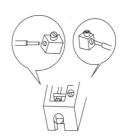

图 3-13　单股芯线
与针孔接线压接法

✦ 在针孔接线柱上连接多股芯线时,应该用钢丝钳将多股芯线进一步绞紧,以保证压紧螺钉顶压时不致松散。注意针孔和线头的大小应尽可能配合,如图 3-14(a)所示。如果针孔过大可选一根直径大小相宜的铝导线做绑扎线,在已绞紧的线头上紧密缠绕一层,使线头大小与针孔合适后再进行压接,如图 3-14(b)所示。如果线头过大,插不进针孔时,可将线头散开,适量减去中间几股。通常 7 股可剪去 1~2 股,19 股可剪去 1~7 股,然后将线头绞紧,进行压接,如图 3-14(c)所示。

(a) 针孔合适的连接

(b) 针孔过大时线头的处理

(c) 针孔过小时线头的处理

图 3-14　多股芯线与针孔接线柱连接

无论是单股或多股芯线的线头,在插入针孔时,一是注意插到底;二是不得使绝缘层进入针孔,针孔外的裸线头的长度也不得超过 3 mm。

②线头与平压式接线柱的连接。平压式接线柱是利用半圆头、圆柱头或六角头螺钉加垫圈将线头压紧,完成导线的连接,对载流量小的单股芯线,先将线头弯成接线圈,再用螺钉压接。其操作步骤如下:

✦ 离绝缘层根部的 3 mm 处向外侧折角,如图 3-15(a)所示。
✦ 以略大于螺钉直径的曲率弯曲圆弧,如图 3-15(b)所示。
✦ 剪去芯线余端,如图 3-15(c)所示。
✦ 修整圆圈,如图 3-15(d)所示。

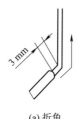

(a) 折角

(b) 弯曲圆弧

(c) 剪去余端

(d) 修整圆圈

图 3-15　单股芯线压接圈的弯法

对于横截面积不超过 10 mm² 、股数为 7 股及以下的多股芯线,应按图 3-16 所示的步骤制作压接圈。对于载流量较大、横截面积超过 10 mm² 或股数多于 7 股的导线端头,应安装接线耳,由接线耳与接线柱连接。

首先把离绝缘层根部约 1/2 长的芯线重新绞紧,越紧越好,如图 3-16(a)所示;将绞紧部分的芯线,在离绝缘层根部约 1/3 处向左外折角,然后弯成圆弧,如图 3-16(b)所示;当圆弧弯得将成圆圈(剩下 1/4)时,应将余下的线向右外折,然后使其成圆,并把芯线线头与导线并在一起,如图 3-16(c)所示;把散开的芯线按 2 根、2 根、3 根分城三组,将第一组 2 根芯线扳起,垂直于芯线,一起按顺时针方向绕两圈,然后和芯线并在一起,从折点再取 2 根芯线线头拉直,如图 3-16(d)所示;将取出的 2 根芯线先以顺时针方向绕两圈,如图 3-16(e)所示;然后与芯线并在一起,最后取出余下的 3 根线也以顺时针方向绕两圈,剪去多余芯线,如图 3-16(f)所示。

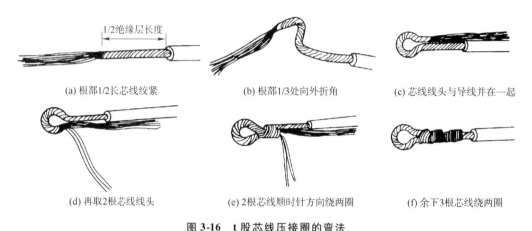

(a) 根部1/2长芯线绞紧   (b) 根部1/3处向外折角   (c) 芯线线头与导线并在一起

(d) 再取2根芯线线头   (e) 2根芯线顺时针方向绕两圈   (f) 余下3根芯线绕两圈

图 3-16 t 股芯线压接圈的弯法

软线线头的连接也可用平压式接线柱。其工艺要求与上述多股芯线的压接相同。

③线头与瓦形接线柱的连接。瓦形接线柱的垫圈为瓦形,压接时为了不致使线头从瓦形接线柱内滑出,压接前应先将已去除氧化层和污物的线头弯曲成 U 形,如图 3-17(a)所示,再卡入瓦形接线柱压接。如果在接线柱上有两个线头连接,应将弯成 U 形的两个线头反方向重叠,再卡入接线柱瓦形垫圈下方压紧,如图 3-17(b)所示。

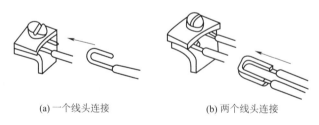

(a)一个线头连接   (b)两个线头连接

图 3-17 单股芯线与瓦形接线柱的连接

(3)铝芯线的连接

由于铝极易氧化,且铝氧化膜的电阻率很高,所以铝芯导线不宜采用铜芯导线的方法进行连接,铝芯导线常采用螺钉压接法和压接管压接法连接。

①螺钉压接法连接适用于负荷较小的单股铝芯导线的连接。操作步骤如下:

✦ 把削去绝缘层的铝芯线头用钢丝刷刷去表面的铝氧化膜,并涂上中性凡士林,如图 3-18(a)所示。

✦ 做直线连接时,先把每根铝芯导线在接近线端处卷上 2~3 圈,以备线头断裂后再次连接用,然后把 4 个线头两两相对地插入两只瓷接头(又称接线桥)的 4 个接线柱上,最后旋紧接线桩上的螺钉,如图 3-18(b)所示。

✦ 若要做分路连接时,要把支路导线的两个芯线头分别插入两个瓷接头的两个接线桩上,最后旋紧螺钉,如图 3-18(c)所示。

✦ 在瓷接头上加罩铁皮盒盖或木罩盒盖。如果连接处是在插座或熔断器附近,则不必用瓷接头,可用插座或熔断器上的接线桩进行过渡连接。

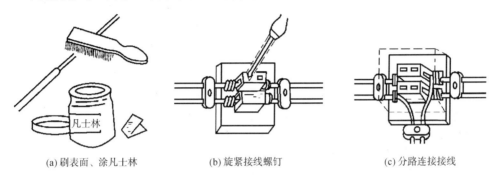

| (a) 刷表面、涂凡士林 | (b) 旋紧接线螺钉 | (c) 分路连接接线 |

图 3-18　单根铝芯导线的螺钉压接法连接

② 压接管压接法适用于较大负荷的多根铝芯导线的直线连接,需要用压接钳和压接管(又称钳接管)如图 3-19(a)和(b)所示。操作步骤如下:

✦ 根据多股铝芯导线规格选择合适的铝压接管。

✦ 用钢丝刷清除铝芯线表面和压接管内壁的铝氧化层,涂上一层中性凡士林。

✦ 把两根铝芯导线线端相对穿入压接管,并使线端穿出压接管 25 ~ 30 mm,如图 3-19(c)所示。

✦ 进行压接,如图 3-19(d)所示。压接时,第一道压坑应在铝芯线端一侧,不可压反,压接坑的距离和数量应符合技术要求。

(4)铜芯线与铝芯线的连接

由于铜与铝在一起时,日久会产生电化腐蚀,因此,对于较大负荷的铜芯线与铝芯线连接应采用铜铝过渡连接管。使用时,连接管的铜端插入铜导线,连接管的铝端插入铝导线,利用局部压接法压接。

单股铜芯导线与单股铝芯导线连接时,要先将铝线芯在铜线芯上缠绕 6 ~ 10 圈,再将铜线芯与铝线芯缠绕 2 圈绞紧,这种方法常用于电流较小的低压线路中的导线连接。完成后的铝芯线如图 3-19(e)所示。

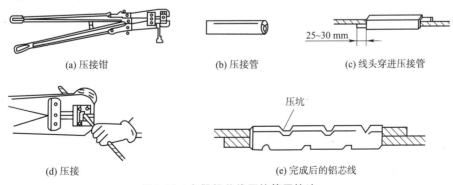

| (a) 压接钳 | (b) 压接管 | (c) 线头穿进压接管 |

| (d) 压接 | (e) 完成后的铝芯线 |

图 3-19　多股铝芯线压接管压接法

3. 导线焊接

在电路中的导线连接经常需要进行焊接,导线焊接主要有导线与接线端子的焊接、导线与导线之间的焊接。

铜芯导线接头的焊接,常用烙铁锡焊和浇焊两种焊接方法。

（1）烙铁锡焊

$10 \ mm^2$ 及以下铜芯导线接头,可用 150 W 的电烙铁按以下步骤进行锡焊:

①打磨氧化层。单股线可用砂纸去除氧化膜;多股线可先散形并用钳子夹住导线端头拉直后再用砂纸去除氧化膜;软导线可先将导线拧紧,拧紧时应带干净手套或用钳子以免污染线芯,然后,再用砂纸除去氧化膜,打磨的长度应比接头或终端的长度稍长一点。

②打磨后应立即在接头上的打磨处涂上一层中性无酸焊锡膏。

③用电烙铁吃上锡,在涂上焊锡膏的导线端头处上下来回反复上锡,上锡后用干净的棉丝将污物、油迹擦掉。然后,再用电烙铁吃上少量的锡,将搪锡后的线芯进行焊接。

（2）浇焊

对于 $16 \ mm^2$ 及其以上的铜芯导线接头,应采用浇焊法。浇焊时应先将焊锡放在化锡锅内,用喷灯或电炉熔化,使其表面呈磷黄色即达到高热,将导线接头放在焊锡锅上面,用勺盛上熔化的锡,从接头上面浇下,如图 3-20 所示。刚开始烧时,因为接头较冷,锡在接头上不会有很好的流动性,应继续浇下去,使接头处温度提高,直到全部焊牢为止。最后,用抹布轻轻擦去锡渣,使接头表面光滑。

导线与接线端子的焊接,主要采用绕焊、钩焊和搭焊 3 种基本形式,如图 3-21 所示。

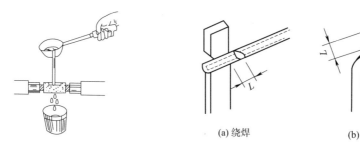
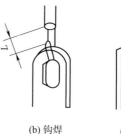
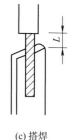

(a) 绕焊　　　　(b) 钩焊　　　　(c) 搭焊

图 3-20　铜芯导线接头的浇焊　　　　**图 3-21　导线与端子的焊接**

①绕焊:把经过镀锡的导线端头在接线端子上缠绕一圈,用钳子拉紧缠牢后进行焊接。

②钩焊:将导线端子弯成钩形,钩在接线端子上,用钳子夹紧后焊接。

③搭焊:把镀锡的导线端搭到接线端子上焊接。

（3）导线的封端

安装好的配线最终要与电气设备相连,为了保证导线线头与电气设备接触良好并具有较强的机械性能,对于多股铝线和截面大于 $2.5 \ mm^2$ 的多股铜线,都必须在导线终端焊接或压接一个接线端子,再与设备相连,这种工艺过程叫作导线的封端。

①铜导线的封端

铜导线的封端有以下两种方法:

◆ 锡焊法。锡焊前,先将导线表面和接线端子孔用砂布擦干净,涂上一层无酸焊锡膏,将线芯搪上一层锡，然后把接线端子放在喷灯火焰上加热，当接线端子烧热后，把焊锡熔化在端子孔内，并将搪好锡的线芯慢慢插入，待焊锡完全渗透到线芯缝隙中后，即可停止加热。

◆ 压接法。将表面清洁且已加工好的线头直接插入内表面已清洁的接线端子线孔，用压接钳压接。

②铝导线的封端

铝导线一般用压接法封端。压接前，剥掉导线端部的绝缘层，其长度为接线端子孔的深度加上 5 mm，除掉导线表面和端子孔内壁的氧化膜，涂上中性凡士林，再将线芯插入接线端子内，用压接钳进行压接。当铝导线出线端与设备铜端子连接时，由于存在电化腐蚀问题，因此应采用预制好的铜铝过渡接线端子，压接方法同前所述。

4. 恢复绝缘层

在线头连接完成后，导线连接前破坏的绝缘层必须恢复，且恢复后的绝缘强度一般不应低于剖削前的绝缘强度，才能保证用电安全。在低压电路中，常用的恢复材料有黄蜡布带、聚氯乙烯塑料带和黑胶布等多种。一般采用 20 mm 的规格，其包缠方法如下：

①包缠时，先将绝缘带从左侧的完好绝缘层上开始包缠，应包入绝缘层 30 ~ 40 mm，包缠绝缘带时要用力拉紧，带与导线之间应保持约 45° 倾斜，如图 3-22(a)所示。

②进行每圈斜叠缠包，后一圈必须压叠住前一圈的 1/2 带宽，如图 3-22(b)所示。

③包至另一端也必须包入与始端同样长度的绝缘带，然后接上黑胶布，并应使黑胶布包出绝缘带层至少半根带宽，即必须使黑胶布完全包没绝缘带，如图 3-22(c)所示。

④黑胶布也必须进行 1/2 叠包，包到另一端也必须完全包没绝缘带，收尾后应用双手的拇指和食指紧捏黑胶布两端口，进行一正一反方向拧旋，利用黑胶布的黏性，将两端口充分密封起来，尽可能不让空气流通。这是一道关键的操作步骤，决定着加工质量的优劣，如图 3-22(d)所示。

在实际应用中，为了保证经恢复的导线绝缘层的绝缘性能达到或超过原有标准，一般均包两层绝缘带后再包一层黑胶布。

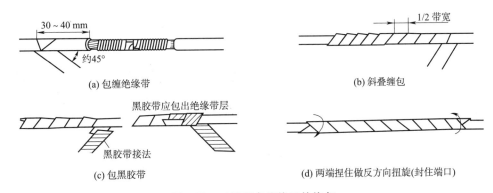

(a) 包缠绝缘带　　　　　　　　　　　　　　(b) 斜叠缠包

(c) 包黑胶带　　　　　　　　(d) 两端捏住做反方向扭旋(封住端口)

图 3-22　对接接点绝缘层的恢复

导线恢复绝缘时的注意事项：

①在380 V线路上恢复导线绝缘时，必须先包扎1~2层黄蜡带，然后再包1层黑胶布。

②在220 V线路上恢复导线绝缘时，先包扎1层黄蜡带，然后再包1层黑胶布，或者只包2层黑胶布。

③绝缘带包扎时，各包层之间应紧密相接，不能稀疏，更不能露出芯线。

④存放绝缘带时，不可放在温度很高的地方，也不可被油类浸染。

技能训练 导线的连接训练

1. 训练目标

①掌握导线的绝缘层剖削、连接、封端与绝缘层恢复的方法。

②能正确地进行导线的绝缘层剖削、连接、焊接、封端与绝缘层的恢复。

③熟练使用常用通用电工工具。

2. 器材与工具

电工工具(螺丝刀、电工刀、剥线钳、尖嘴钳、电烙铁)，1套；松香、焊锡，若干；单股铜线、多股铜线，各1 m；电工胶布，1卷。

3. 训练指导

①单股和多股铜线的线头绝缘层的剥离训练，剖削导线绝缘层，并将有关数据填入表3-4中。

表3-4　常用导线绝缘层剖削

导 线 种 类	导 线 规 格	剖 削 长 度	剖削工艺要点
塑料硬线			
塑料软线			
塑料护套线			
花线			

②导线线头连接训练，将常用导线进行连接，并将连接情况填入表3-5中。

表3-5　常用导线的连接

导线种类	导线规格	连接方式	线头长度	绞合圈数	密缠长度	线头连接工艺要点
单股芯线		直连				
单股芯线		T形连				
7股芯线		直连				
7股芯线		T形连				

③导线焊接训练，用铜线分别焊接成正方体和圆锥体，并将连接情况填入表3-6中。

表 3-6　导线焊接记录

几何图形	电烙铁规格	焊料、焊剂	图形主要尺寸	图　示
正方体				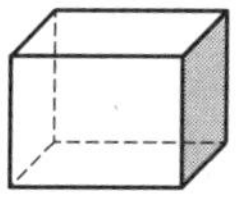
圆锥体				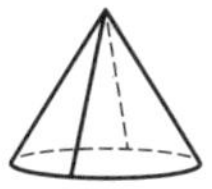

④线头绝缘层的恢复在连接完工的线头上用符合要求的绝缘材料包缠绝缘层,并将包缠情况填入表 3-7 中。

表 3-7　线头绝缘层包缠

线路工作电压	所用绝缘材料	各自包缠层数	包缠工艺要点
380 V			
220 V			

注意:各种电工工具使用操作时,要确保人身和设备的安全。

思考练习题

①试叙述剥离线头塑料软线绝缘层的工艺过程。

②试叙述多股铜芯线分支连接的工艺过程。

③铝线的连接应注意什么问题?

④如何恢复导线接头的绝缘层?

⑤导线焊接应注意哪些问题?

⑥试叙述铜导线和铝导线的封端工艺。

任务3.2　室内配电线路的安装技能训练

相关知识　室内配电线路

3.2.1　室内配线的技术要求和工序

1. 室内配线的技术要求

室内配线不仅要求安全可靠,而且要求线路布局合理、整齐、牢固。其技术要求如下:

①配线时要求导线额定电压应大于线路的工作电压,导线绝缘强度应符合线路安装方式和敷设条件,导线截面应满足供电负荷和机械强度要求。

②接头的质量是造成线路故障和事故的主要因素之一,所以配线时应尽量减少导线接头。在导线的连接和分支处,应避免受到机械力的作用。穿管导线和槽板配线中间不允许有接头,必要时可采用接线盒(如线管较长)或线盒(如线路分支)。

③明线敷设要保持水平和垂直。水平敷设导线距地面不得低于 2.5 m,垂直敷设导线距地面不得低于 1.8 m。室外水平和垂直敷设距地面均不得低于 2.7 m,否则应将导线穿在钢管内或硬塑管加以保护。

④绝缘导线穿越楼板时,应将导线穿入钢管或硬塑料管内保护。保护管上端口距地面不应小于 1.8 m,下端口到楼板下为止。

⑤导线穿墙时,应加装保护管(瓷管、塑料管、竹管或钢管)。保护管伸出墙面的长度不应小于 10 mm,并应保持一定的倾斜度。

⑥导线通过建筑物的伸缩缝或沉降缝时,敷设导线应稍有余量。敷设线管时,应装设补偿装置。

⑦导线相互交叉时,为避免相互碰触,应在每根导线上加套绝缘管,并将套管在导线上固定牢靠。

⑧为确保安全,室内外电气管线和配电设备与各种管道间以及与建筑物、地面间的最小允许距离应满足一定要求。有关具体的距离规定可查阅有关手册。

2. 室内配线的工序

室内配线主要包括以下工作内容:

①熟悉设计施工图,做好预留预埋工作(其主要内容有:电源引入方式的预留预埋位置;电源引入配电箱的路径;垂直引上、引下以及水平穿越梁、柱、墙等的位置和预埋保护管)。

②按设计施工图确定灯具、插座、开关、配电箱及电气设备的准确位置,并沿建筑物确定导线敷设的路径。

③在土建粉刷前,将配线中所有的固定点打好眼孔,将预埋件埋齐,并检查有无遗漏和错位。

④装设绝缘支承物、线夹或线管及开关箱、盒。

⑤敷设导线和连接导线。

⑥将导线出线端与电器器件或设备连接。

⑦检验工程是否符合设计和安装工艺要求。

3.2.2 配线方法及要求

1. 塑料护套线配线

(1)塑料护套线配线的方法

①画线定位。按照线路的走向、电器的安装位置,用弹线袋画线,并按护套线的安装要求每 150～300 mm 画出铝片线卡的位置,靠近开关插座和灯具等处均需设置铝片线卡。

②凿眼并安装木榫。鉴打整个线路中的木榫孔,并安装好所有的木榫。

③固定铝片线卡。按固定的方式不同,铝片线卡的形状有用小钉固定和用黏合剂固定两种。在木结构上,可用铁钉固定铝片线卡;在抹灰浆的墙上,每隔 4～5 挡,进入木台和转

弯处需用小铁钉在木榫上固定铝片线卡;其余的可用小铁钉直接将铝片线卡钉入灰浆中;在砖墙和混凝土墙上可用木榫或环氧树脂黏合剂固定铝片线卡。

④敷设导线。勒直导线,将护套线依次夹入铝片线卡。

⑤铝片线卡的夹持。护套线均置于铝片线卡的钉孔位后,即按如图 3-23(a)~(d)所示的顺序将铝片线卡收紧夹持护套线。

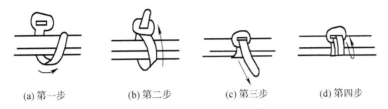

(a)第一步   (b)第二步   (c)第三步   (d)第四步

图 3-23 铝片线卡夹住护套线操作

(2)塑料护套线配线的要求

①护套线的接头应在开关、灯头盒和插座等外部,必要时可装接线盒,使其整齐美观。

②导线穿墙和楼板时,应穿保护管,其凸出墙面距离约为 3~10 mm。

③与各种管道紧贴交叉时,应加装保护套。

④当护套线暗设在空心楼板孔内时,应将板孔内清除干净,中间不允许有接头。

⑤塑料护套线拐弯时,拐弯角度要大,以免损伤导线,拐弯前后应各用一个铝片线卡夹住。

⑥塑料护套线进入木台前应安装一个铝片线卡。

⑦两根护套线相互交叉时,交叉处要用 4 个铝片线卡夹住,护套线应尽量避免交叉。

⑧护套线路的离地最小距离不得小于 0.15 m,在穿越楼板及离地低于 0.15 m 的一段护套线,应加电线管保护。

塑料护套线固定与间距,如图 3-24 所示。

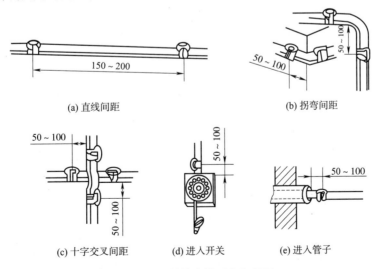

(a)直线间距   (b)拐弯间距

(c)十字交叉间距   (d)进入开关   (e)进入管子

图 3-24 塑料护套线固定与间距

2. 线管配线

把绝缘导线穿在管内配线称为线管配线。线管配线有明配和暗配两种,明配是把线管敷设在墙上以及其他明露处,要配置得横平竖直,要求管距短,弯头小;暗配是将线管置于墙等建筑物内部,线管较长。

(1)线管配线的方法

①线管选择。根据敷设的场所来选择敷设线管的类型,如潮湿和有腐蚀气体的场所采用管壁较厚的白铁管;干燥场所采用管壁较薄的电线管;腐蚀性较大的场所采用硬塑料管。

根据穿管导线截面和根数来选择线管的管径。一般要求穿管导线的总截面(包括绝缘层)不应超过线管内径截面的40%。

②落料。落料前应检查线管质量,有裂缝、凹陷及管内有杂物的线管均不能使用。按两个接线盒之间为一个线段,根据线路弯曲转角情况来决定用几根线管接成一个线段,并确定弯曲部位。一个线段内应尽可能减少管口的连接口。

③弯管。弯管的方法是:为便于线管穿线,管子的弯曲角度一般不应大于90°。明管敷设时,管子的曲率半径 $R \geqslant 4d$(d 为管子的直径);暗管敷设时,管子的曲率半径 $R \geqslant 6d$。直径在 50 mm 以下的线管,可用弯管器进行弯曲。弯曲时,要逐渐移动弯管器棒,且一次弯曲的弧度不可过大,否则可能弯裂或弯瘪线管。凡管壁较薄且直径较大的线管,弯曲时管内要灌满沙,否则可能把钢管弯瘪;如果加热弯曲,要用干燥无水的沙灌满,并在管两端塞上木塞。弯曲硬塑料管时,先将塑料管用电炉或喷灯加热,然后放到木坯具上弯曲成形。

④锯管。按实际长度需要用钢锯锯管,锯割时应使管口平整,并锉去毛刺和锋口。

⑤套丝。为了使管子与管子之间或管子与接线盒之间连接起来,需要在管子端部套丝,钢管套丝时可用管子套丝绞扳。

⑥线管连接。

a. 钢管与钢管连接。钢管与钢管之间的连接,无论是明配管线或暗配管线,最好采用管箍连接(尤其对埋地线管和防爆线管)。为了保证管接口的严密性,管子的丝扣部分应顺螺纹方向缠上麻丝,并在麻丝上涂上一层白漆,再用管箍拧紧,使两管端部吻合。

b. 钢管与接线盒的连接。钢管的端部与各种接线盒连接时,应在接线盒内外各用一个薄形螺母(又称纳子或锁紧螺母)来夹紧线管,如图 3-25 所示。

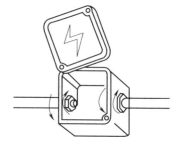

图 3-25　线管与接线盒的连接

c. 硬塑料管之间的连接。硬塑料管的连接分为插入法连接和套接法连接。

• 插入法连接。连接前先将待连接的两根管子的管口分别做内倒角和外倒角,然后用汽油或酒精把管子的插接段的油污和杂物擦干净,接着将一个管子插接段放在电炉或喷灯上加热至 145 ℃左右,待管子呈柔软状态后,将另一个管插入部分涂一层胶合剂(过氧乙烯胶)后迅速插入柔软段,立即用湿布冷却,使管子恢复原来的硬度。

• 套接法连接。连接前先将同口径的硬塑料管加热扩大成套管,然后把需要连接的两管端倒角,用汽油或酒精擦干净,待汽油挥发后,涂上黏合剂,迅速插入热套管中。

⑦线管的接地。线管配线的钢管必须可靠接地。为此,在钢管与钢管、钢管与配电箱

及接线盒等连接处用 $\phi6\sim10$ mm 圆钢制成的跨接线连接,并在线的始末端和分支线管上分别与接地体可靠连接,使线路所有线管都可靠接地。

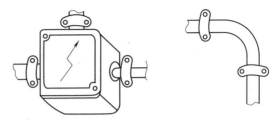

图 3-26　管卡固定

⑧线管的固定。线管明线敷设时应采用管卡支持,线管进入开关、灯头、插座、接线盒孔前 300 mm 处,以及线管弯头两边均需用管卡固定,如图 3-26 所示。管卡均应安装在木结构或木榫上。

线管在砖墙内暗线敷设时,一般在土建砌砖时预埋,否则应先在砖墙上留槽或开槽,然后在砖缝里打入木榫并钉钉子,再用铁丝将线管绑扎在钉子上,进一步将钉子钉入。

线管在混凝土内暗线敷设时,可用铁丝将管子绑扎在钢筋上,也可用钉子钉在模板上,将管子用垫块垫高 15 mm 以上,使管子与混凝土模板间保持足够的距离,并防止浇灌混凝土时管子脱开。

⑨扫管穿线。穿线前先清扫线管,用压缩空气或用在钢线上绑扎擦布的方法,将管内的杂物和水分清除。穿线的方法如下:

选用 $\phi1.2$ mm 的钢丝做引线。当线管较短且弯头较少时,可把钢丝引线直接由管子的一端送向另一端。如果线管较长或弯头较多,将钢丝引线从一端穿入管子的另一端有困难时,可以从管子的两端同时穿入钢丝引线,引线端弯成小钩。当钢丝引线在管中相遇时,用手转动引线使其钩在一起,然后把一根引线拉出,即可将导线牵入管内。

导线穿入线管前,线管口应先套上护圈,接着按线管长度,加上两端连接所需的长度余量截取导线,剥离导线两端的绝缘层,并同时在两端头标上同一根导线的记号,再将所有导线和钢丝引线缠绕。穿线时,一人将导线理顺往管内送,另一人在另一端抽拉钢丝引线,这样便可将导线穿入线管。

(2)线管配线的要求

①穿管导线的绝缘强度应不低于 500 V;规定导线最小截面,铜芯线为 1 mm^2,铝芯线为 2.5 mm^2。

②线管内导线不准有接头,也不准穿入绝缘破损后经过包缠恢复绝缘的导线。

③管内导线不得超过 10 根,不同电压或进入不同电能表的导线不得穿在同一根线管内,但一台电动机内包括控制和信号回路的所有导线及同一台设备的多台电动机线路,允许穿在同一根线管内。

④除直流回路导线和接地导线外,不得在钢管内穿单根导线。

⑤线管转弯时,应采用弯曲线管的方法,不宜采用制成品的月亮弯,以免造成管口连接处过多。

⑥线管线路应尽可能少转角或弯曲,因转角越多,穿线越困难。

⑦在混凝土内暗线敷设的线管,必须使用壁厚为 3 mm 的电线管。当电线管的外径超过混凝土厚度的 1/3 时,不准将电线管埋在混凝土内,以免影响混凝土的强度。

3. 槽板配线

槽板配线就是将绝缘导线敷设在槽板的线槽内(上部用盖板将导线盖住),它适用于干燥房间内的明配线路。

常用的槽板有木槽板和塑料槽板,线槽有双线和三线之分,其外形如图 3-27 所示。木槽板和塑料槽板的安装方法相同,但敷设塑料槽板的环境温度不应低于 −15 ℃。槽板配线的施工应在土建抹灰层干透后进行。

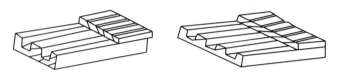

图 3-27 槽板外形

(1)槽板的配线方法

①槽板的拼接。拼接槽板时,应将平直的槽板用于明显处,弯曲不平的用于较隐蔽处。其拼接形式及方法有如下 3 种:

◆ 对接。槽板对接时,底板和盖板均应锯成 45°角的斜口进行连接,拼接要紧密,底板的线槽要对齐、对正。底板与盖板的接口应错开,错开的距离不应小于 20 mm。

◆ 拐角的连接。连接槽板拐角时,应把两根槽板的端部各锯成 45°角的斜口,并把拐角处的线槽内侧削成圆弧形,以利于布线和防止碰伤导线。

◆ 分支拼接。槽板分支采用 T 形拼接时,应在拼接点上把底板的加强筋用锯子锯掉、铲平,使导线在线槽中能宽畅通过,如图 3-28 所示。

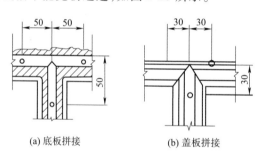

(a) 底板拼接　　　　　(b) 盖板拼接

图 3-28 槽板分支 T 形拼接图

②槽板的固定。槽板的拼接和固定,通常应同时进行。

在砖和混凝土结构上的固定。按照确定的敷设路线,将槽板底板用钉子钉在预埋的木榫或木条上。在混凝土结构上,可使用塑料胀管或预埋缠有铁丝的木螺钉固定。当抹灰层允许时,可用铁钉直接固定。中间固定点间距不应大于 500 mm,且要均匀。起点或终点端的固定点应在距离起点或终点 30 mm 处固定。三线槽板应用双钉交错固定。

在板条和顶棚上的固定。应将底板直接用铁钉固定在龙骨上或龙骨间的板条上。

(2)槽板配线的要求

①敷设导线时应注意的事项:为便于检修,所敷设线路应以一支路安装一根槽板为原则;敷设导线时,槽内导线不应受到挤压,在槽内不允许有接头,必要时装设接线盒;导线在灯具、开关、插座及接头等处,一般应留有 100 mm 的余量,在配电箱处则应按实际需要留有足够的长度,以便于连接设备;槽板配线不宜直接与电器连接,应通过木台类的底座再与电

器相连。

②固定盖板应与敷设导线同时进行,边敷线边将盖板固定在底板上。固定的木螺钉或铁钉要垂直,防止偏斜而碰触导线。盖板固定点间距不应大于 300 mm,端部盖板不大于 30 ~ 40 mm。

③槽板配线的要求:木槽板应干燥无节、无裂缝;槽板不应设置在顶棚和墙壁内;槽板伸入木台的距离应在 5 mm 左右;在槽板和绝缘子配线的接续处,由槽板端部起 300 mm 以内的地方应装设绝缘子固定导线。

电气照明是利用电能和照明电器实现照明的,它广泛用于生产和生活的各个领域。照明电路一般由电源、导线、控制器件和灯具等组成,其中照明灯具是照明的主体,它作为照明电路的负载,将电能转换成光能,实现照明。

3.2.3　常用灯具的安装

从爱迪生发明电灯到今天,灯具发生了巨大的变化。灯具按光源分为白炽灯、荧光灯、汞灯、钠灯、氙灯、碘钨灯、卤化物灯;按安装场合分为室内灯、路灯、探照灯、舞台灯、霓虹灯;按防护形式分为防尘灯、防水灯、防爆灯;按控制方式分为单控、双控、三控、光控、时控、声光控、时光控等;按灯源的冷热分为热辐射光源和冷辐射光源。

1. 白炽灯

白炽灯为热辐射光源,是由电流加热灯丝至白炽状态而发光的。电压为 220 V 的功率为 15 ~ 100 W,电压 6 ~ 36 V(安全电压)的功率不超过 100 W。灯头有卡口(也称为插口)和螺丝口两种,大容量的一般用瓷灯头。白炽灯的特点是结构简单、安装方便、使用可靠,价格低廉。

(1)灯泡

白炽灯也称为钨丝灯泡,由灯丝、玻璃外壳和灯头三部分组成,如图 3-29 所示。在灯泡颈状端头上有灯丝的两个引出线端,电源由此通入灯泡内的灯丝。

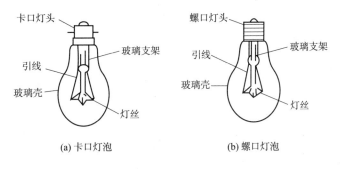

图 3-29　白炽灯的结构

灯丝的主要成分是钨,为了防止受震而断裂,所以盘成弹簧圈状安装在灯泡中间,灯泡内抽真空后充入少量的惰性气体,以抑制钨的蒸发而延长其使用寿命。通电后,灯泡靠灯丝发热至白炽化而发光,故称为白炽灯。其规格以功率标称,从 15 ~ 1 000 W 分成许多挡,白炽灯发光效率较低,寿命也不长,但光色较受欢迎。

（2）灯座

灯座可的品种较多。常用的灯座如图3-30所示。

(a)插口吊灯座　(b)插口平灯座　(c)螺丝口吊灯座　(d)螺丝口平灯座　(e)防水螺口吊灯座　(f)防水螺口平灯座

图3-30　白炽灯常用的灯座

2. 荧 光 灯

荧光灯（又称日光灯）为冷辐射光源,靠汞蒸气放电时辐射的紫外线去激发灯管内壁的荧光粉,使其发出类似太阳的光辉。荧光灯有光色好、发光率高、耗能低等优点,但结构比较复杂、配件多、活动点多,故障率相对白炽灯要高。

（1）荧光灯的结构

荧光灯由灯管、镇流器、辉光起动器、灯架和灯座等组成,如图3-31所示。

①灯管。它由玻璃管、灯丝和灯丝引出脚组成,如图3-32所示。玻璃管内壁涂有荧光粉的玻璃管,灯管两端各有一个由钨丝绕成的灯丝,灯丝上涂有易发射电子的氧化物。管内抽成真空并充有一定的氩气和少量水银。氩气具有使灯管易发光和保护电极、延长寿命的作用。

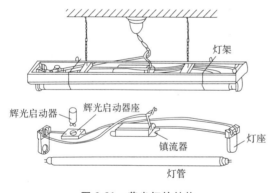

图3-31　荧光灯的结构

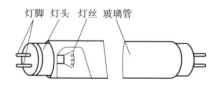

图3-32　灯管的结构

②镇流器。镇流器是具有铁芯的线圈,在电路中起如下作用:在接通电源的瞬间,使流过灯丝的预热电流受到限制,以防止预热电流过大时烧断灯丝;荧光灯起动时,和辉光启动器配合产生一个瞬时高电压,促使管内水银蒸气发生弧光放电,致使灯管管壁上的荧光粉受激而发光;灯管发光后,保持稳定放电,并将其两端电压和通过的电流限制在规定值内。镇流器有封闭式和开启式的,如图3-33所示。

③辉光启动器。其作用是在灯管发光前接通灯丝电路,使灯丝通电加热后又突然切断电路,类似一个开关。

辉光启动器的外壳是用铝或塑料制成的,壳内有一个充有氖气的小玻璃泡和一个纸质电容器,其结构如图3-34所示。纸质电容器的作用是避免辉光启动器的触片断开时产生的火花将触片烧坏,同时也防止管内气体放电时产生的电磁波辐射对电视机等家用电器的干扰。

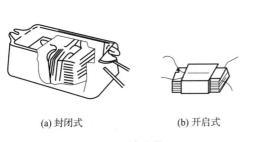

(a) 封闭式　　　　(b) 开启式

图 3-33　镇流器

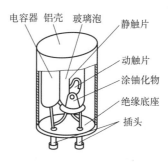

图 3-34　辉光启动器的结构

④灯架。灯架有木制和铁制两种,规格应配合灯管长度。

⑤灯座。灯座有开启式和弹簧式两种。大型的适用于 15 W 及以上的灯管,小型适用于 6 W、8 W、12 W 灯管。常用的荧光灯灯座有开启式和插入式两种,如图 3-35 所示。

(2)荧光灯的工作原理

荧光灯的工作原理图,如图 3-36 所示。接通电源后,220 V 电压全部加在辉光启动器静触片和双金属片的两端,由于两触片间的高电压产生的电场较强,故使氖气游离而放电(红色辉光),放电时产生的热量使双金属片弯曲与静触片连接,电流经镇流器、灯管灯丝及辉光启动器构成通路。电流流过灯丝后,灯丝发热并发射电子,致使管内氖气电离,水银蒸发为水银蒸气。因辉光启动器玻璃泡内两触片连接,故电场消失,氖气也随之立即停止放电。随后,玻璃泡内温度下降,两金属片因此冷却而恢复原状,使电路断开,此时镇流器中的电流突变,故在镇流器两端产生一个很高的自感电动势,这个自感电动势和电源电压串联后,全部加到灯管两端,形成一个很强的电场,致使管内水银蒸气产生弧光放电,在弧光放电时产生的紫外线激发了灯管壁上的荧光粉,发出近似日光的灯光。灯管点燃后,由于镇流器的存在,灯管两端的电压比电源电压低得很多(具体数值与灯管功率有关,一般在 50 ~ 100 V 范围内)不足以使辉光启动器放电,其触点不再闭合。

(a) 开启式　　　(b) 插入式

图 3-35　荧光灯的灯座

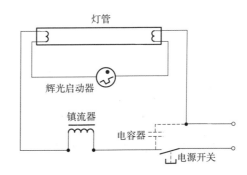

图 3-36　荧光灯电路原理图

3. 其他常见的电光源

①碘钨灯。碘钨灯和高压灯(高压钠灯和高压汞灯)属于强光灯,现已广泛应用于大面积的照明。碘钨灯是卤素灯的一种,属热发射光源,是在白炽灯的基础上发展而来的,它既

具备有白炽灯光色好、辨色率高的优点,又克服了白炽灯光效低、寿命短的缺点。碘钨灯结构如图 3-37 所示。

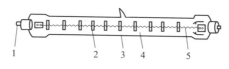

图 3-37 碘钨灯的结构

1—灯丝电源触点;2—灯丝支持架;3—石英管;4—碘蒸气;5—灯丝

碘钨灯通过提高灯丝的工作温度来提高光效。卤族元素在适当温度的条件下,易于与金属钨进行化学反应,在灯管管壁附近因温度适宜于碘钨化合反应,于是从灯丝中蒸发出来的钨在这里被化合成碘化钨。在对流的作用下,碘化钨被带到灯丝的轴心高温区,这里的温度适宜于碘化钨的分解反应,于是从碘化钨中分解出来的钨又回复到灯丝上。由于如此不停地循环,灯丝就易变细,也就延长了灯丝的寿命。

②高压汞灯。高压汞灯与荧光灯一样,同属于气体放电光源,且在发光管内都充以汞,均依靠蒸气放电而发光。但荧光灯属于低压汞灯,即发光时的汞蒸气压力较低,而高压汞灯发光时的汞蒸气压力则较高。它具有较高的光效、较长的寿命和较好的防震性能特优点。但也存在辨色率较低、点燃时间长和电源电压较低时会出现自熄等不足之处。

高压汞灯的典型结构如图 3-38 所示。置于灯泡体中央的发光管由石英玻璃制成,内充有一定的汞和少量的氩气。发射电子的电极采用自然式结构,并置有辅助电极,用来触发启辉。在辅助电极上,接有一只 40 ~ 60 kΩ 的电阻,与不相邻的主电极相连;由硬玻璃制成灯泡体,内壁涂有荧光粉,故也称为高压荧光灯。

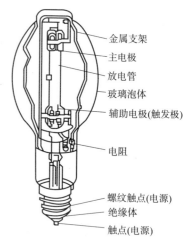

金属支架
主电极
放电管
玻璃泡体
辅助电极(触发极)
电阻
螺纹触点(电源)
绝缘体
触点(电源)

图 3-38 高压汞灯的结构

当高压汞灯接通电源后,辅助电极与相邻的主电极之间即加上了 220 V 的电压,由于两个电极间距很小(一般在 2 ~ 3 mm 之间),所以两者之间就产生了很强大的电场,使其中的气体被击穿而发生辉光放电(放电电流受电阻所控制)。因辉光放电而产生了大量的电子和离子,这些带电粒子在两主电极电场的作用下,就使灯管两端间导通,即形成两电极之间的弧光放电。但是,开始时是低气压的汞蒸气和氩气放电,这时管电压很低而电流很大(称作起动电流),随着低压放电所放出的热量不断增加而灯管温度逐渐提高,汞就逐渐气化,汞蒸气压力和灯管电压也跟着升高。当汞全部蒸发后,就进入高压汞蒸气放电、灯管工作阶段。由此可见,高压汞灯从启辉阶段到工作阶段的时间较长,一般需 4 ~ 10 min。

此外,高压汞灯熄灭后不能马上再次点燃,一般需要 5 ~ 10 min 才能重新发光。这是因为灯熄灭后,灯管内的汞蒸气压仍然较高,再加上原来的电压下,电子不能积累足够的能量来电离气体。所以,需待灯管逐步冷却而使汞蒸气凝结后,才能重新点燃。

③高压钠灯。高压钠灯也是一种气体放电光源,它是利用钠蒸气放电而发光的,分为

高压和低压两种。作为照明使用的,大多数是高压钠灯。钠是一种活泼金属,原子结构比汞简单,激发电位也比汞低。高压钠灯具有比高压汞灯更高的光效以及更长的使用寿命。高压钠灯辐射的波长范围集中在人眼较敏感的区域;光色呈橘黄偏红,这种波长的光线,具有较强的穿透性,用于多雾或多尘垢的环境中,作为一般照明,有着较好的照明效果。在城市中,现已较普遍采用高压钠灯作为街道照明。

高压钠灯的基本结构如图 3-39 所示。发光管较长较细,管壁温度达 700 ℃以上,因钠对石英玻璃具有较强的腐蚀作用,故管体由多晶氧化铝(陶瓷)制成。为了能使电极与管体之间具有良好的密封衔接,采用化学性能稳定而膨胀系数与陶瓷接近的铌做成端帽(也有用陶瓷制成的)。电极间连接着用来产生起动脉冲的双金属片(与荧光灯的辉光起动器作用相同)。泡体由硬玻璃制成。灯头与高压汞灯一样制成螺口式。

高压钠灯起动方式与高压汞灯不同。高压汞灯是通过辅助电极帮助发光管辉光起动发光的,而高压钠灯因发光管既长又细,就不能采用这种较简单的起动方式,要采用类似于荧光灯的起动原理来帮助发光管点燃,但启辉器被组合在灯泡体内部(即双金属片)。

高压钠灯的起动原理如图 3-40 所示。当接通电源时,电流通过双金属片 b 和加热线圈 H,b 受热后发生形变而使两触点开启(产生一个触发),电感线圈 L 上就产生脉冲高压而加于灯管的电极上,使两极间击穿,于是使灯管点燃。点燃后,因存在放电热量而使双金属片 b 保持开路状态。工作电压和工作电流如同荧光灯一样,由镇流器加以控制。

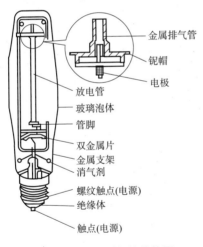

图 3-39　高压钠灯的结构图

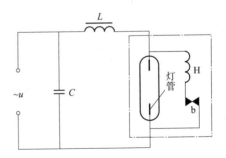

图 3-40　高压钠灯的起动原理图

新型高压钠灯的工作原理虽然相同,但起动方式却有所不同,通常采用晶闸管构成的触发器。

④霓虹灯。霓虹灯主要用于各种广告、宣传及指示性的灯光装置。

霓虹灯是通过低气压放电而发光的电灯。在灯管两端置有电极,管内通常放置氖、氮、氩、钠等元素,不同元素在工作时能发出不同颜色的光,如氖能发红色或深橙色光,氩能发淡红色光等,管内若置有几种元素,则如同调配颜料一样能发出复合色调的光,也可以灯管内壁喷涂颜色来获得所需色光。

根据霓虹灯管规格的不同,电极工作电压也不同,通常在 4～15 kV 之间,高压电源由专用的霓虹灯变压器提供,霓虹灯装置由灯管和变压器两大部分组成。

4. 常用灯具的安装

灯具的安装要求,可概括为8个字:正规、合理、牢固、整齐。

①正规:指各种灯具、开关、插座及所有附件必须按照有关规程和要求进行安装。

②合理:指选用的各种照明器具安装必须正确、适用、经济、可靠,安装的位置应符合实际需要。

③牢固:指各种照明器具安装得牢固可靠,使用安全。

④整齐:指同一使用环境和同一要求的照明器具要安装得平齐竖直,品种规格要整齐统一,形色协调。

灯具的安装形式有壁式、吸顶式、镶嵌式和悬吊式。悬吊式又有吊线式、吊链式和吊杆式等。灯具安装一般要求悬挂高度距地面2.5 m以上,这样一是高灯放亮,二是人碰不到,相对安全。暗开关距地面1.3 m,距门框0.2 m,拉线开关距屋顶0.3 m。

(1)白炽灯的安装步骤与工艺要求

①安装圆木台(塑料台)。在布线或管内穿线完成之后,安装灯具的第一步是安装圆木台。圆木台安装前要用电工刀顺着木纹开条压线槽;用平口螺丝刀在木台上面钻两个穿线孔;在固定木台的位置用冲击钻打直径6 mm的孔,深度约25 mm,并塞进塑料胀管,将两根导线穿入木台孔内,木台的两线槽压住导线,用螺丝刀、木螺钉对准胀管拧紧木台,如图3-39(a)所示。

②安装吊线盒(挂线盒)。将木台孔上的两根电源线头穿入吊线盒的两个穿线孔内,用两个木螺钉将吊线盒固定在木台上(吊线盒要放正)。剥去绝缘皮约20 mm,将两线头按对角线固定在吊线盒的接线螺钉上(顺时针装),并剪去余头压紧毛刺。用花线或胶质塑料软线穿入吊线盒并打扣(承重),固定在吊线盒的另外两个接线柱上,并拧紧吊线盒盖,如图3-39(b)所示。

③灯座的安装。灯座上的两个接线端子,一个与电源的中线连接,另一个与来自开关的一根连接线(即通过开关的相线,俗称火线)连接。

插口灯座上的两个接线端子,可任意连接上述两个线头,但是螺口灯座上的接线端子,为了使用安全,必须把中线线头连接在螺纹圈的接线端子上,而把来自开关的连接线线头,连接在连通中心铜簧片的接线端子上。

吊灯灯座必须采用塑料软线(或花线),作为电源引线。两线连接前,均先削去线头的绝缘层,接着将一端套入挂线盒罩,在近线端处打个结,另一端套入灯座罩盖后,也应在近线端处打个结,如图3-41(c)所示,其目的是不使导线线芯承受吊灯的重量。然后,分别在灯座和挂线盒上进行接线(如果采用花线,其中一根带花纹的导线应接在与开关连接的线上),最后装上罩盖和遮光灯罩。

安装时,把多股的线芯拧绞成一体,接线端子上不应外露线芯。挂线盒应安装在木台上。平灯座要装在木台上,不可直接安装在建筑物平面上。

④开关的安装。灯开关的品种很多,按安装方式分为明装式开关、暗装式开关、悬挂式开关、附装式开关;按操作方法分为翘板式开关、倒板式开关、拉线式开关、按钮式开关、推移式开关、旋转式开关、触摸式开关等;按接通方法分为单联、双联、双控、双路等。按结构

分为单联开关和双联开关,根据安装形式又有明装、暗装开关之分。常用开关的外形图如图 3-42 所示。

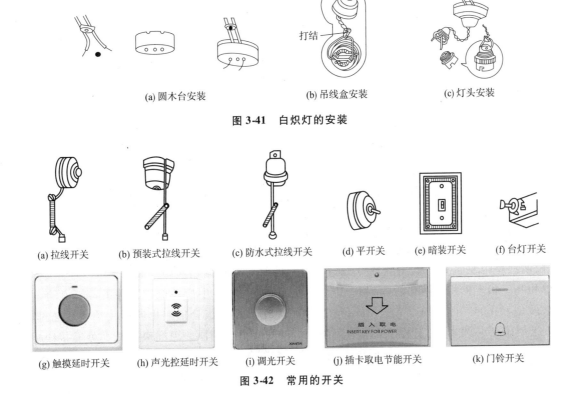

(a) 圆木台安装　　　　　(b) 吊线盒安装　　　　　(c) 灯头安装

图 3-41　白炽灯的安装

(a) 拉线开关　　(b) 预装式拉线开关　　(c) 防水式拉线开关　　(d) 平开关　　(e) 暗装开关　　(f) 台灯开关

(g) 触摸延时开关　　(h) 声光控延时开关　　(i) 调光开关　　(j) 插卡取电节能开关　　(k) 门铃开关

图 3-42　常用的开关

开关的作用是控制电源的相线。开关的选用和安装是指一般规格在 1 000 W 以下的电灯控制开关,它的结构和性能要适应不同使用环境的需要,安装位置要使人们使用方便。

拉线开关的安装与吊线盒的安装相似,先装圆木台再装开关,开关要装在圆木台的中心位置,拉线口朝下。在接线盒接线,盒内导线要留有余量,扳柄向上为接通位置。线接好后再把开关用螺钉固定在接线盒(开关盒)上。

(2)荧光灯安装步骤及工艺要求

①组装并检查荧光灯线路,若荧光灯部件是散件要事先组装好。如果套装,要检查一下线路是否正确、焊点是否牢固。组装时将所有器件连接起来,若双管或多管则先单管串接,后多管并接,最后再接电源。

②开关、吊线盒的安装,其方法同白炽灯的开关、吊线盒安装方法相同。吊链或吊杆长短要相同,使灯具保持水平。

(3)双控灯、三控灯的安装

通常用一个开关控制一盏灯,也可以用一个开关控制多盏灯,这些都是比较简单的。双控或三控用在不同的场合,控制线路较复杂些。

①双控灯的安装。双控灯是指用两个双联开关控制一盏灯(两地控制),一般用在楼梯

间或家庭客厅,如图 3-43 所示。两个开关要用两根导线连接起来,接在双联开关的两边的点,中间的一点接电源 L 相线(L 线),另一个开关中间点接灯的进线,灯的出线接线中性线(N 线),这种控制无论在哪个位置扳动任何一个开关都可以使灯接通或断开,实现两地控制,方便操作。

②三控灯的安装。三控灯是指用两个双联开关和一个三联开关控制一盏,实现三地控制,也常用在楼梯或走廊中,具体安装步骤同白炽灯相同,3 个开关的接线方法如图 3-44 所示。

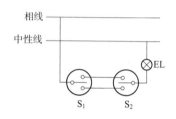

图 3-43　双控灯的接线图

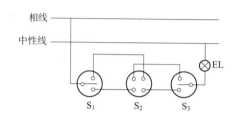

图 3-44　三控灯的接线图

(4)插座的安装步骤及工艺要求

插座是为移动照明电器、家用电器和其他用电设备提供电源的元件。插座有明、暗之分,明插座距地面 1.4 m,特殊环境(幼儿园)距地面 1.8 m;暗插座距地面 0.3 m。插座又分单相和三相。单相有两孔的(一相一中性)、三孔的(一相一中性一保护)、两孔与三孔合起来就是五孔的。四孔插座为三相的,是三相一地,另外还有组合插座也叫多用插座或插排。安装时需要装圆木台,安装方法同前面白炽灯的安装方法相同。因插座接线孔处有接线标志,如 L、N 等,可以对号入座,但需要注意的是导线的颜色不能弄错。一般中性线是"蓝""黑"色,相线是"黄""绿""红"3 种颜色,地线是"双色",否则易造成短路或接地故障,如图 3-45 所示。

图 3-45　插座的安装

3.2.4　配电板的安装

把电能表、电流互感器、控制开关、短路和过载保护等电器安装在同一块板上,这块板称为配电板,如图 3-46 所示。一般总熔断器不安装在配电板上,而是安装在进户管的墙上。

1. 总熔断器盒的安装

常用的总熔断器盒分为铁皮盒式和铸铁壳式。铁皮盒分 1~4 型 4 个规格,1 型最大,盒内能装三只 200 A 熔断器;4 型最小,盒内能装三个 10 A 或一个 30 A 的熔断器及一个接线桥。铸铁壳式分 10 A、30 A、60 A、100 A 或 200 A 五个规格,每个盒内均只能单独装一盒熔断器。

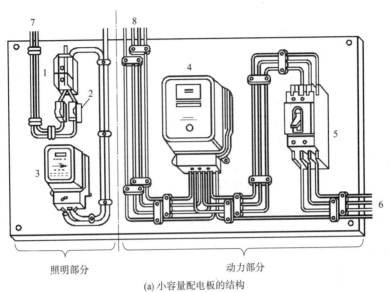

(a) 小容量配电板的结构

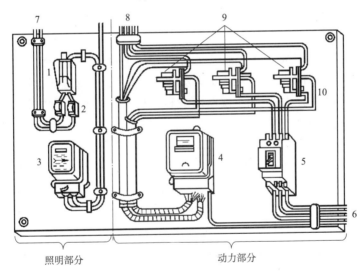

(b) 大容量配电板的结构

图 3-46　配电板的结构

1—用户总开关;2—用户熔断器;3—单相电能表;4—三相电能表;5—动力总开关;
6—接分路开关;7—接用户;8—接总熔断器;9—电流互感器;10—接地

　　总熔断器盒有防止下级电力线路的故障蔓延到前级配电干线上而造成更大区域停电的作用,且能加强计划用电的管理(因低压用户总熔断器盒内的熔体规格,由供电单位置放,并在盖上加封)。

　　总熔断器盒安装必须注意以下几点:

　　①总熔断器盒应安装在进户管的户内侧。

②总熔断器盒必须安装在实心木板上,木板表面及四沿必须涂以防火漆。安装时,1 型铁皮盒式和 200A 铸铁壳式的木板,应用穿墙螺栓或膨胀螺栓固定在建筑物墙面上,其余各种木板,可用木螺钉来固定。

③总熔断器盒内熔断器的上接线柱,应分别与进户线的电源相线连接,接线桥的上接线柱应与进户线的电源中性线连接。

④总熔断器盒后如果安装多具电能表,则在电能表的前级分别安装分熔断器盒。

2. 电流互感器的安装

电流互感器的安装要注意如下几点:

①电流互感器应装在电能表的上方。

②电流互感器副边标有 K_1 或"＋"的接线柱要与电能表电流线圈的进线柱连接,标有 K_2 或"－"的接线柱要与电能表的出线柱连接,不可接反。电流互感器的原边标有 L_1 或"＋"的接线柱,应接电源进线,标有 L_2 或"－"的接线柱应接电源出线,如图 3-47 所示。

③电流互感器的 K_2 或"－"接线柱、外壳和铁芯都必须可靠地接地。

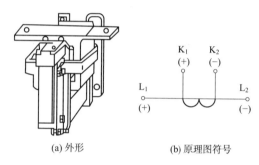

(a) 外形　　　　(b) 原理图符号

图 3-47　电流互感器

3. 电能表的安装

电能表也称电度表,以 kW·h(千瓦·时),即"度"为单位。它是用来计算电气设备所消耗电能的仪表,具有累计功能。电能表的种类很多,常用的有感应式电能表、IC 卡电能表等。按结构可分为单相电能表、三相三线电能表和三相四线电能表。电能表的精度一般为 2.0 级,也有 1.0 级的高精度电能表。

(1)电能表的型号及铭牌

①型号。电能表的型号有多个系列,DD 系列电能表为单相电能表,如 DD1 型、DD36 型、DD101 型等;DS 系列电能表为三相三线有功电能表,如 DS1 型、DS2 型、DS5 型等;DT 系列电能表为三相四线有功电能表,字母 T 表示三相四线制,如 DT1 型、DT2 型、DT862 型等。

②铭牌。在电能表的铭牌上标有一些字母和数字,如"DD862、220 V、50 Hz、5(20)A、1 950 r/kW·h",其中 DD862 是电能表的型号,DD 表示单相电能表,数字 862 为设计序号。一般家庭使用可选用 DD 系列的电能表,设计序号可以不同。220 V、50 Hz 是电能表的额定电压和工作频率,它必须与电源的规格相符合。也就是说,如果电源电压是 220 V,就必须选用这种 220 V 电压的电能表,不能采用 110 V 电压的电能表。5(20)A 是电能表的标定电流值和最大电流值,括号外的 5 表示额定电流为 5 A,括号内的 20 表示允许使用的最大电流为 20 A。这样,就可以知道这只电能表允许室内用电器的最大总功率为

$$P = UI = 220 \text{ V} \times 20 \text{ A} = 4\ 400 \text{ W}$$

(2)电能表的安装要求

电能表的安装一般要求与配电装置安装在一起,见图 3-44。电能表的安装要求如下:

①电能表总线必须采用铜芯塑料硬线,其最小截面积不得小于 1.5 mm²,中间不准有接头,自总熔断器盒至电能表之间的敷设长度,不宜超过 10 m。

②电能表总线必须明线敷设,采用线管安装时线管也必须明装。在进入电能表时,一般以"左进右出"原则接线。

③电能表必须安装得垂直于地面,表的中心离地高度应在 1.4~1.5 m 之间。

安装电能表的步骤:打墙孔、装塑料榫→装木板、装木螺钉→装电能表、开关、熔断器→接线、接电源→接负载。

安装电能表时的注意事项:

①为确保电能表的精度,安装时表的位置必须与地面保持垂直,表箱的下沿离地高度应在 1.7~2 m 之间,暗式表箱下沿离地 1.5 m 左右。

②刀开关安装时切不可倒装或横装。

③配电板要用穿墙螺栓或膨胀螺栓固定,也可用螺钉固定。

(3)单相电能表的安装与接线

目前民用电能表多采用直接接入形式,每个电能表的下部都有一个线盒,盖板背面有接线图,安装时应按图接线。电能表的接线,必须使电流线圈与负载串联接入相线上,电压线圈和负载并联。单相电能共有 4 个接线端,其中两个接电源,另两个端接负载。

测量单相交流电路电能时,应用最多的仪表是感应式电能表。在电压 220 V、电流 10A 以下的单交流电路中,电能表可以直接接在交流电路上,如图 3-48 所示。图中 1、3 接电源,2、4 接负载。

有的电能表的接线方法按号码 1、2 接电源进线,3、4 接电源出线,具体的接线方法应参照电能表的接线柱盖子上的接线图。

(4)三相电能表的安装与接线

三相电能表分为三相三线和三相四线电能表两种,又可分为直接式和间接式三相电能表两类。直接式三相电能表常用的规格有 10 A、20 A、30 A、50 A、75 A 和 100 A 等多种,一般用于电流较小的电路中;间接式三相电能表常用的规格为 5A,电流互感器连接后,用于电流较大的电路上。

①直接式三相电能表的安装与接线。

✦ 直接式三相四线电能表的安装与接线。这种电能表共有 11 个接线柱头,从左到右按 1、2、3、4、5、6、7、8、9、10、11 编号;其中 1、4、7 是电流相线的进线柱头,用来连接从总熔断器盒下柱头引来的三根相线;3、6、9 是相线的出线柱头,分别接总开关的 3 个进线柱头;10、11 是电源中性线的进线柱头和出线柱头;2、5、8 三个接线柱可空着,如图 3-49 所示。

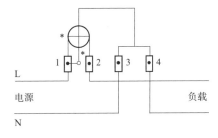

图 3-48　单相电能表的接线图

✦ 直接式三相三线电能表的安装与接线。这种电能表共有 8 个接线柱头,其 1、4、6 是电源相进线柱头;3、5、8 是相线出线柱头;2、7 两个接线柱可空着,如图 3-50 所示。

②间接式三相电能表的安装与接线。

✦ 间接式三相四线电能表的安装与接线。间接式三相四线电能表需要配用三只同规格的电流互感器,接线时需把从总熔断器盒下接线柱头引来的三根相线,分别与三

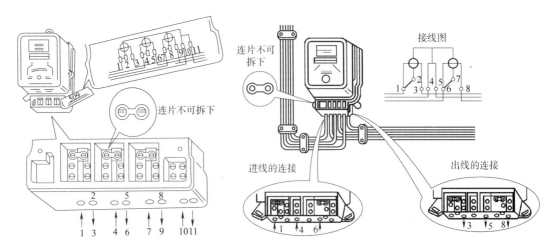

图3-49　直接式三相四线电能表的接线图　　　　图3-50　直接式三相三线电能表的接线图

只电流互感器一次侧的"＋"接线柱头连接。同时用三根绝缘导线从这3个"＋"接线柱引出,穿过钢管后分别与电能表的2、5、8三相接线柱连接。接着用三根绝缘导线,从电流互感器二次侧的"＋"接线柱头引出,穿过另一根保护钢管与电能表1、4、7三个进线柱头连接。然后用一根绝缘导线穿过后一个保护钢管,一端并联三只电流互感器二次侧的"－"接线柱头,另一端并联电能表的3、6、9三个出线柱头,并把这根导线接地。最后用三根绝缘导线,把三只电流互感器一次侧的"－"接线柱头分别与总开关3个进线柱头连接起来,并把电源中性线穿过前一根钢管与电能表10进线柱连接,接线柱11用来连接中性线的出线,如图3-51所示。接线时应先将电能表接线盒内的三块连接片都拆下来。

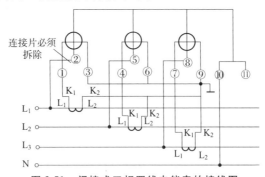

图3-51　间接式三相四线电能表的接线图

✦ 间接式三相三线制电能表的安装与接线。这种电能表只需配两只同规格的电流互感器,接线时把从总熔断器盒下接线柱头引出来的三根相线中的两根相线分别与两电流互感器一次侧的"＋"接线柱头连接。同时,从该两个"＋"接线柱头用铜芯塑料硬线引出,并穿过钢管分别接到电能表2、7接线柱头上,接着从两只电流互感器的"＋"接线柱用两根铜芯塑料硬线引出,并穿过另一根钢管分别接到电能表1、6接线柱头。然后,用一根导线从两只电流互感器二次侧的"－"接线柱头引出,穿过后一根钢管接到电能表 3,8 接线头上,并应把这根导线接地。最后将总熔断器盒下柱头余下的一根相线和从两只电流互感器一次侧的"－"接线柱头引出的两根绝缘导线接到总开关的 3 个进线柱头上,同时从总开关的一个进线柱头(总熔断器盒引入的相线柱头)引出一根绝缘导线,穿过前一根钢管,接到电能表 4 接线柱上,如图 3-52 所示。同时,注意应将三相电能表接线盒内的两个连接片都拆下。

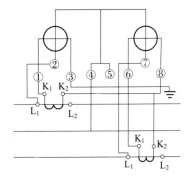

图 3-52　间接式三相三线电能表的接线图

技能训练　室内配电线路的安装

1. 训练目标

①掌握护导套线的敷设方法;学会安装照明灯具、开关、插座等电器元件。

②掌握电能表的接线方法,能正确地安装电能表。

③学会在配电板上对各电器元件安排布局;掌握配电板上各电器元件的安装要领。接线要按照配电板的安装工艺。

2. 器材与工具

见表 3-10。

3. 训练指导

(1)室内配电线路的安装

①室内配电线路图。一室一厅配电线路,如图 3-53 所示。5 路配线分别为:照明及吊扇、插座、客厅空调、卧室空调、热水器。

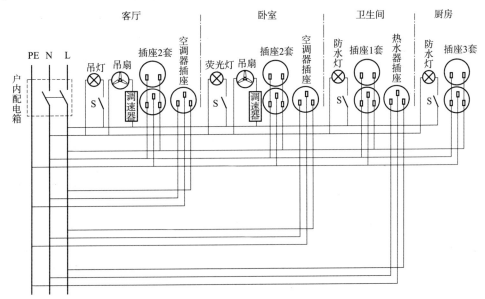

图 3-53　一室一厅配电线路图

②元器件及工具。元器件选择及工具如表3-8所示。

表3-8 室内配电线路元器件及工具明细表

序号	名称	规格	要求
1	电能表	单相电能表 DD101 型(或其型号)	设计使用功率为 11.5 kW
2	漏电断路器或断路器	DZ47LE,C45N/1P16A	除两路空调外,其余均须有漏电保护
3	灯开关	按钮式	
4	插座	空调插座 15～20 A 厨房插座 20 A 热水器插 10～15 A 其余插座 10 A	空调插座距地面 1.8 m 厨房插座距地面 1.3 m 热水器插座距地面 2.2 m 其余插座距地面 0.3 m
5	照明灯	客厅有 LED 变色的吊灯 卧室有荧光吸顶灯 厨房和卫生间有防水灯	照明灯功率为 20～40 W
6	吊扇	悬挂式吊扇	功率为 20 W
7	调速器	简易调速器	
8	导线	进线 BV—2×16＋1×6DG32 支线 BV—3×2.5DG20	
9	常用电工具		

③有关说明:

◆ 常用家用电器的容量。常用家用电器的容量范围大致如下:微波炉为 600～1 500 W;电饭煲为 500～1 700 W;电磁炉为 300～1 800 W;电炒锅为 800～2 000 W;电热水器为 800～2 000 W;电冰箱为 70～250 W;电暖器为 800～2 500 W;电烤箱为 800～2 000 W;消毒柜为 600～800 W;电熨斗为 500～2 000 W;空调器为 600～5 000 W。

考虑到远期用电发展,每户的用电量应按最有可能同时使用的电器最大功率总和计算,所用家用电器的说明书上都标有最大功率,可以根据其标注的最大功率计算出总用电量。

一定要按照电能表的容量来配置家用电器。如果电能表容量小于同时使用的家用电器最大使用容量,则必须更换电能表,并同时考虑入户导线的横截面积是否符合容量的要求。

◆ 导线的选择。进户线是按每户用电量及考虑今后增加的可能性选取的,每户用电量为 4～5 kW,电表为 5(20)A,进户线为 BV—3×10 mm²;每户用电量 6～8 kW,电表为 15(60)A,进户线为 BV—3×16 mm²,每户用电量为 10 kW,电表为 20(80)A,进户线为 BV—2×25＋1×16。这样选择既可满足要求,又留有一定的裕量。户配电箱各支路导线为:照明回路为 BV—2×2.5 mm²,普通插座回路为 BV—3×2.5 mm²,厨房回路、空调回路均为 BV—3×40 mm²。

铜芯线电流密度一般环境下可取 4～5 A/mm²。住宅内常用的电线横截面 1.5 mm²、2.5 mm²、4 mm²、6 mm²、10 mm²、16 mm²、25 mm²、35 mm²、50 mm² 等。另外,住宅电气电路一定选用铜导线,因使用铝导线会埋下众多的安全隐患,住宅一旦施工完毕,很难再次更换导线,不安全的隐患会持续多年。

◆ 熔断器的选择。居民家庭用的熔断器应根据用电容量的大小来选用。例如使用容量为 5 A 的电表时,熔断器应大于 6 A 小于 10 A;如使用容量为 10 A 的电表时,熔断器应大于 12 A 小于 20 A,也就是选用的熔断器应是电表容量的 1.2～2 倍。选用的熔断器应是符合规定的一根,而不能以小容量的熔断器多根并用,更不能用铜丝代替熔断器使用。

◆ 电能表的选择。选购电能表前,需要计算总用电量。把家中所有用电电器的功率加起来,例如,电视机 65 W + 电冰箱 93 W + 洗衣机 150 W + 白炽灯 4 只共 160 W + 电熨斗 300 W + 空调 1 800 W = 2 568 W。选购电能表时,要使电能表允许的最大总功率大于家中所有用电器的总功率(如上面算出的 2 568 W),而且还应留有适当的余量。如本例中家庭选购 5(20)A 的电能表就比较合适,因为即使家中所有用电器同时工作,最大的电流值 $I = P/U = 2\ 568$ W/220 V $= 11.7$ A,没有超过电能表的最大电流值 20 A,同时还有一定余量,因此是安全可靠的。

④训练步骤。按以下顺序进行操作:定位、画线、钻孔→安装单相电能表→安装单相刀开关→安装插座的底座→安装灯、开关、吊扇及吊扇调速器的底座→接线→安装灯、开关、吊扇、吊扇调速器→接线的接头包缠绝缘带→通电检验。

要求布局合理,安装美观,工艺符合国家关于室内配线的有关规定。

(2)配电板的安装

①安装如图 3-44(b)所示的大容量配电板。

②元器件的选择。元器件选择如表 3-9 所示。

表 3-9　配电板元器件明细表

器材名称	规　格	数量	器材名称	规　格	数量
线路安装板	900 mm × 600 mm × 60 mm	1 块	熔断器	RCI10A	2 副
单相电能表	220 V10 A	1 块	三相熔断器盒	RCI10A	1 副
三相电能表	380 V10 A	1 块	铜塑料硬线	BVR 1.5 mm^2	若干
单相刀开关	250 V10 A	1 只	铝片线卡	1 号	1 包
三相空气开关	500 V30 A	1 只	螺钉		若干
电流互感器	5 A	3 只	绝缘带		1 卷

③训练步骤。按以下顺序进行操作:定位、画线、钻墙孔→装塑料榫(膨胀螺栓)→安装线路安装板→安装单相电能表→安装单相刀开关→安装三相保险盒→安装电流互感器→安装三相电能表→安装空气开关→接线→将每根钢管下端与电能表之间的电线包缠绝缘带→通电检验。

4. 注意事项

安装完元器件、连接完导线后,要仔细检查线路是否正确,有无导线裸露部分露在外边。经指导教师检查后方可通电试验。

思考练习题

①室内配线有哪些基本要求?

②试叙述塑料护套线配线的基本方法和基本要求。

③试叙述线管的配线方法。

④线管连接有哪些方法？线管配线有哪些要求？

⑤试叙述槽板配线的方法和基本要求。

⑥电能表的安装有什么要求？单相电能表、三相电能表各如何接线？

⑦人们说空调是多少匹的,请查阅资料,了解多少匹空调是什么意思,与功率有什么关系。

项目 4

交流异步电动机的拆装技能训练

项目内容

- ✦ 三相异步电动机的结构和工作原理。
- ✦ 三相异步电动机的拆卸、装配和检修。
- ✦ 单相异步电动机的结构和工作原理。
- ✦ 单相异步电动机的拆卸、装配和检修。

项目目标

- ✦ 了解三相异步电动机的基本结构;理解三相异步电动机的转动原理。
- ✦ 掌握三相异步电动机的使用、拆装方法、维护保养和常见故障的检修。
- ✦ 了解单相异步电动机的基本结构;理解单相异步电动机的转动原理。
- ✦ 掌握单相异步电动机的使用、拆装方法、维护保养和常见故障的检修。

任务 4.1 三相异步电动机的拆装技能训练

相关知识 三相异步电动机的拆装方法

4.1.1 三相异步电动机的结构和工作原理

在工业生产中,所有运动的设备都需要用到电动机,传统机械制造设备一般由三相异步电动机来提供动力。交流电动机又分为异步电动机和同步电动机,其中笼形交流异步电动机由于结构简单、运行可靠、维护方便、价格便宜,是所有电动机中应用最广泛的一种。例如,一般的机床、起重机、传送带、鼓风机、水泵以及各种农副产品加工等都普遍使用三相笼形交流异步电动机,只有在一些有特殊要求的场合才使用其他类型的电动机。

1. 三相异步电动机的结构

三相异步电动机是把交流电能转变为机械能的一种动力机械。它结构简单,制造、使用和维护简便,成本低廉,运行可靠,效率高,在工农业生产及日常生活中得到广泛应用。三相异步电动机被广泛用来驱动各种金属切削机床,起重机,中、小型鼓风机,水泵及纺织机械等。

三相异步电动机由两个基本部分组成:不动部分——定子;转动部分——转子。图 4-1 所示为笼形异步电动机拆开后的各个零部件,图 4-2 所示为三相笼形异步电动机的装配图。

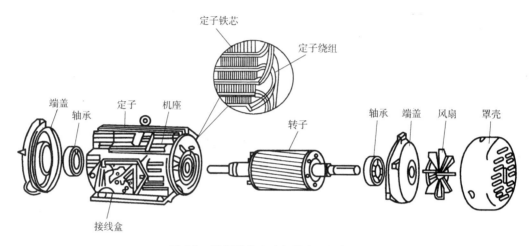

图 4-1　三相异步电动机的主要零部件

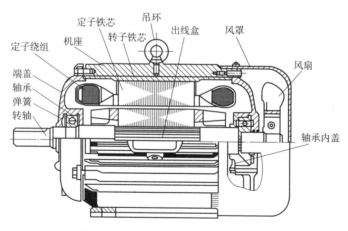

图 4-2　三相笼形异步电动机的装配图

三相异步电动机的定子(见图 4-3)是在铸铁或铸钢制成的机座内装有由 0.5 mm 厚的硅钢片(见图 4-4)叠成的筒形铁芯,片间绝缘以减少涡流损耗。铁芯内表面上分布与轴平行的槽,槽内嵌有三相对称绕组。绕组是根据电动机的磁极对数和槽数按照一定规则排列与连接的。

定子绕组可以接成星形或三角形。为了便于改变接线,三相绕组的六根端线都接到定子外面的接线盒上。盒中接线柱的布置如图 4-5 所示,图 4-5(a)为定子绕组的星形(Y 形)接法;图 4-5(b)为定子绕组的三角形(△形)接法。

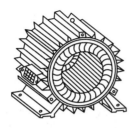

图 4-3　装有三相绕组的定子

图 4-4　定子的硅钢片

目前,我国生产的三相异步电动机,功率在 4 kW 以下的定子绕组一般均采用星形接法;4 kW 以上的一般采用三角形接法,以便于应用 Y-△ 降压起动。

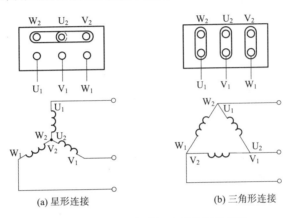

(a) 星形连接　　　　　　　　(b) 三角形连接

图 4-5　三相异步电动机定子绕组的接法

三相异步电动机的转子是由 0.5 mm 厚的硅钢片(见图 4-6)叠成的圆柱体,并固定在转子轴上,如图 4-7 所示。转子表面有均匀分布的槽,槽内放有导体。转子有两种形式:笼形转子和绕线形转子。

笼形转子的绕组由安放在槽内的裸导体构成,这些导体的两端分别焊接在两个端环上,因为它的形状像个松鼠笼子(见图 4-8),所以称为笼形转子。

图 4-6　转子的硅钢片

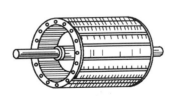

图 4-7　笼形转子

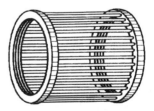

图 4-8　笼形转子绕组

目前,100 kW 以下的异步电动机,转子槽内的导体、转子的两个端环以及风扇叶一起用铝铸成一个整体,如图 4-9 所示。

具有上述笼形转子的异步电动机称为笼形异步电动机,这类电动机的外形如图 4-10 所示。

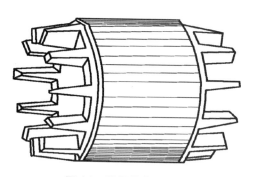

图 4-9　铸铝的笼形转子

图 4-10　三相异步电动机的外形

绕线型转子的绕组与定子绕组相似，也是三相对称绕组，通常接成星形，3 根端线分别与 3 个铜制滑环连接，环与环以及环与轴之间都彼此绝缘，如图 4-11 所示。具有这种转子的异步电动机称为绕线型异步电动机。

转轴由中碳钢制成，其两端由轴承支撑，它用来输出转矩。

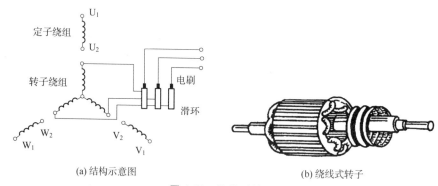

(a) 结构示意图　　　　　　　　(b) 绕线式转子

图 4-11　绕线型转子

2. 三相异步电动机的工作原理

①电生磁。在定子三相绕组中通入三相交流电产生旋转磁场，其转向为逆时针方向，假定该瞬间定子旋转方向向下，如图 4-12 所示。

②（动）磁生电。定子旋转磁场旋转切割转子绕组，在转子绕组中产生感应电动势和感应电流 i_2，其方向由"右手螺旋定则"判断。

③电磁力（矩）。这时转子绕组感应电流在定子旋转磁场的作用下产生电磁力 F，其方向由"左手定则"判断。该力对转轴形成转矩 T（称为电磁转矩），并可见，它的方向与定子旋转磁场（即电流相序）一致，于是，电动机在电磁转矩的驱动下，以 n 的速度顺着旋转磁场的方向旋转。

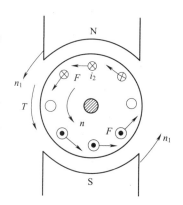

图 4-12　三相异步
电动机运转原理图

三相异步电动机的转速 n 小于定子旋转磁场的转速 n_1，只有这样，转子绕组与定子旋转磁场之间才有相对运动,转子绕组中才能产生感应电动势和电流,从而产生电磁转矩。因此,$n < n_1$ 是异步电动机旋转的必要条件,异步的名称也由此而来。

3. 三相异步电动机的铭牌和技术数据

铭牌的作用是向使用者简要说明这台设备的一些额定数据和使用方法,因此看懂铭牌,按照铭牌的规定去使用设备,是正确使用这台设备的先决条件。例如,一台三相异步电动机铭牌数据如表 4-1 所示。

表 4-1　三相异步电动机的铭牌

三相异步电动机		
型号 Y132M—4	功率 7.5 kW	频率 50 Hz
电压 380 V	电流 15.4 A	接法 △
转速 1 440 r/min	绝缘等级　B	工作方式　连续
年　月　日　　　编号		××电机厂

①型号:三相异步电动机的型号是为了便于各部门业务联系和简化技术文件对产品名称、规格、形式的叙述等而引用的一种代号,由汉语拼音字母、国际通用符号和阿拉伯数字三部分组成。例如,Y132M—4 中的 Y 是产品代号,代表三相异步电动机;132M—4 是规格代号,132 代表中心高 132 mm,M 代表中机座(短机座用 S 表示,长机座用 L 表示),4 代表 4 极。

各类型电动机的主要产品代号意义如表 4-2 所示。

表 4-2　三相异步电动机产品代号

产 品 名 称	产 品 代 号	代号汉字意义
三相异步电动机	Y	异
绕线型三相异步电动机	YR	异绕
三相异步电动机(高起动转矩)	YQ	异启
多速三相异步电动机	YD	异多
防爆型三相异步电动机	YB	异爆

②额定功率 P_N:指电动机在额定状态下运行时,转子轴上输出的机械功率,单位为 kW。

③额定电压 U_N:指电动机在额定运行的情况下,三相定子绕组应接的线电压值,单位为 V。

④额定电流 I_N:指电动机在额定运行的情况下,三相定子绕组的线电流值,单位为 A。

三相异步电动机额定功率、电压、电流之间的关系为:

$$P_N = \sqrt{3}\, U_N I_N \cos\varphi_N \eta_N$$

⑤额定转速 n_N:指额定运行时电动机的转速,单位为 r/min。

⑥额定频率 f_N:我国电网频率为 50 Hz,故国内异步电动机频率均为 50 Hz。

⑦接法:电动机定子三相绕组有 Y 形连接和 △ 形连接两种,前已叙述。

⑧温升及绝缘等级:温升是指电动机运行时绕组温度允许高出周围环境温度的数值。但允许高出数值的多少由该电动机绕组所用绝缘材料的耐热程度决定,绝缘材料的耐热程度称为绝缘等级,不同于绝缘材料,其最高允许温升是不同的。按耐热程度不同,将电动机

的绝缘等级分为 A、E、B、F、H、C 等几个等级,它们允许的最高温度如表 4-3 所示,其中最高允许温升是按环境温度 40 ℃ 计算出来的。

表 4-3　绝缘材料温升限值

绝 缘 等 级	A	E	B	F	H	C
最高允许温度/℃	105	120	130	155	180	>180

⑨工作方式:为了适应不同负载需要,按负载持续时间的不同,国家标准把电动机分成了 3 种工作方式:连续工作制、短时工作制和断续周期工作制。

除上述铭牌数据外,还可由产品目录或电工手册中查得其他一些技术数据。

4.1.2　三相异步电动机的拆装

1. 拆装电动机的常用工具

拆装电动机时,常用工具有拉具、油盘、活扳手、手锤、螺丝刀、紫铜棒、钢套筒和毛刷等,部分工具如图 4-13 所示。

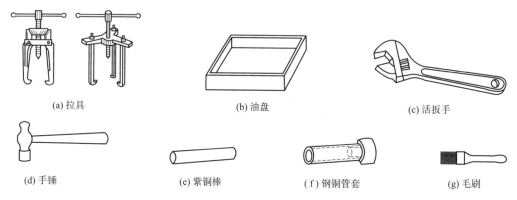

(a) 拉具　　　　　　(b) 油盘　　　　　　(c) 活扳手

(d) 手锤　　　(e) 紫铜棒　　　(f) 钢铜管套　　　(g) 毛刷

图 4-13　拆装电动机的常用工具

拉具是一种拆卸带轮、联轴器或轴承的专用工具。用拉具拆卸带轮或联轴器时,拉脚应钩住其外缘,如图 4-14 所示。在拆卸轴承时拉脚应钩在轴承的内环上,如图 4-15 所示。将拉具的丝杠顶尖对准轴中心的顶尖孔,缓慢地旋转丝杠并且应始终保持丝杠与被拉物在同一轴线上,即可把带轮或轴承卸下,而且能保证轴颈部不受损伤。

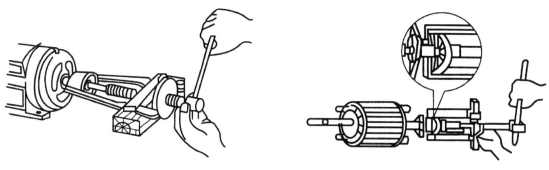

图 4-14　用拉具拆卸带轮　　　　　　图 4-15　用拉具拆卸轴承

2. 三相异步电动机的拆卸

为了确保维修质量,在拆卸前应在电动机接线头、端盖等处做好标记和记录,以便装配后使用电动机能恢复到原状态。不正确的拆卸,很可能损坏零件或绕组,甚至扩大故障,增加修理的难度,造成不必要的损失。

(1)三相异步电动机的拆卸顺序

① 卸下皮带或脱开联轴器的连接销。

② 拆下接线盒内的电源接线和接地线。

③ 卸下带轮或联轴器,卸下底脚螺母和垫圈。

④ 卸下前轴承外盖,卸下前端盖。

⑤ 拆下风叶罩,卸下风叶。

⑥ 卸下后轴承外盖,卸下后端盖。

⑦ 抽出转子。

⑧ 拆下前后轴承及前后轴承的内盖。

整体拆卸过程如图 4-16 所示。

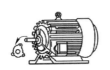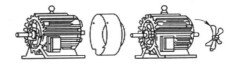

(a)卸下前轴承盖和前端盖　　　　　　　(b)拆下风叶罩和卸下风叶

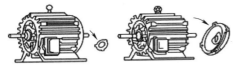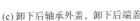

(c)卸下后轴承外盖,卸下后端盖　　　(d)抽出转子、拆下前后轴承及前后轴承的内盖

图 4-16 电动机的拆卸步骤

(2)主要零部件的拆卸方法

①带轮或联轴器的拆卸。带轮或联轴器拆卸如图 4-17 所示。

✦ 用粉笔标好带轮的正反面标记,以免安装时装反,如图 4-17(a)所示。

✦ 在带轮或联轴器的轴伸出端做好尺寸标记,如图 4-17(b)所示。

✦ 松下带轮或联轴器上的压紧螺钉或销子,如图 4-17(c)所示。

✦ 在螺钉孔内注入煤油,如图 4-17(d)所示。

✦ 按图 4-17(e)所示的方法装好拉具,在拉具螺杆的中心线要对准电动机轴的中心线,转动丝杆,把带轮或联轴器慢慢拉出,切忌硬拆。如果由于锈蚀而难以拉动,可在定位孔内注入煤油,几个小时后再拉。若还是拉不出,可用局部加热的方法,用喷灯等急火在带轮轴套四周加热,使其膨胀就可拉出。但加热温度不能太高,以防止变形。在拆卸过程中不能用手锤或坚硬的东西直接敲击联轴器或带轮,防止碎裂和变形,必要时应垫上木板或用紫铜棒。

②拆卸风罩和风扇。拆卸风罩螺钉后,即可取下风罩,然后松开风扇的锁紧螺钉或定

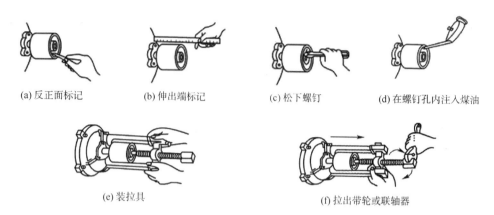

(a) 反正面标记　　(b) 伸出端标记　　(c) 松下螺钉　　(d) 在螺钉孔内注入煤油

(e) 装拉具　　　　　　　　　(f) 拉出带轮或联轴器

图 4-17　带轮或联轴器拆卸

位销子,用木锤或紫铜棒在风扇四周均匀地轻轻敲击,风扇就可以松脱下来。风扇一般用铝或塑料制成,比较脆弱,因此在拆卸时切忌用手锤直接敲打。

③轴承盖和端盖的拆卸。把轴承外盖的螺栓卸下,拆开轴承外盖。为了便于装配时复位,应在端盖与机座接缝处做好标记,松开端盖紧固螺栓,然后用铜棒或用手锤垫上木板均匀敲打端盖四周,使端盖松动取下,再松开另一端的端盖螺栓,用木锤或紫铜棒轻轻敲打轴伸出端,就可以把转子和后端盖一起取下,往外抽转子时要注意不能碰定子绕组。

④拆卸轴承的几种方法。

✦ 用拉具拆卸轴承。这是最方便的,而且不易损坏轴承和转轴,使用时应根据轴承的大小选择适宜的拉具,按图 4-15 的方法夹住轴承,拉具的脚爪应紧扣在轴承内圈上,拉具丝杠的顶尖要对准转子轴的中心孔,慢慢扳转丝杠,用力要均匀,丝杠与转子应保持在同一轴线上。

✦ 放在圆桶上拆卸。在轴的内圆下面用块铁板夹住,放在一只内径略大于转子的圆桶上面,在轴的端面上垫上铜块,用手锤轻轻敲打,着力点对准轴的中心,如图 4-18 所示。圆桶内放一些棉纱头,以防轴承脱下时转子摔坏,当轴承逐渐松动时,用力要减弱。

✦ 端盖内轴承的拆卸。拆卸电动机端盖内的轴承,可将端盖止口面向上,平放在两块铁板或一个孔径稍大于轴承外圈的铁板上,上面用一段直径略小于轴承外圈的金属棒对准轴承,用手锤轻轻敲打金属棒,将轴承敲出,如图 4-19 所示。

3. 三相异步电动机的装配

三相异步电动机的装配顺序,大致与拆卸时相反。装配时要注意拆卸时的一些标记,尽量按原记号复位。装配的顺序如下:

(1)轴承的安装

轴承安装的质量将直接影响电动机的寿命,装配前应用煤油把轴承、转轴和轴承室等处清洗干净,用手转动轴承外圈,检查是否灵活、均匀和有无卡住现象。如果轴承不需更换,则需要再用汽油洗净,用干净的布擦干待装。

如果是更换新轴承,应将轴承放入 70～80 ℃的变压器油中加热 5 min 左右,待防锈油

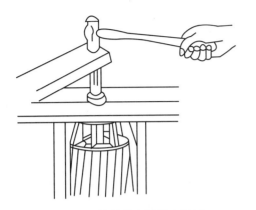

图 4-18 轴承放在圆桶上拆卸

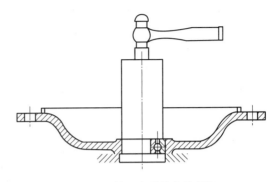

图 4-19 轴承在端盖内的拆卸

全部熔化后,再用汽油洗净,用干净的布擦干待装。

①轴承往轴颈上装配。轴承往轴颈上装配的方法有冷套法和热套法。

✦ 冷套法:如图 4-20 所示。把轴承套在轴颈上,用一段内径略大于轴径,外径小于轴承内圈直径的铁管,铁管的一端顶在轴承的内圈上,用手锤敲打铁管的另一端,把轴承敲进去。

✦ 热套法:如图 4-21 所示,将轴承放在 80 ～ 100 ℃的变压器油中,加热 30 ～ 40 min,趁热快速把轴承推到轴颈根部,加热时轴承要放在网架上,不要与油箱底部或侧壁接触,油面要浸过轴承,温度不宜过高,加热时间也不宜过长,以免轴承退火。

套装零件及工具都要清洗干净保持清洁,把清洗干净的轴承内盖加好润滑脂套在轴颈上。

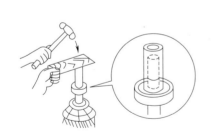

图 4-20 套压法(冷套法)安装轴承

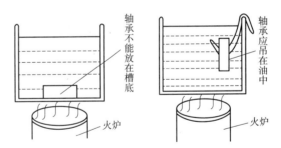

图 4-21 加热轴承示意图

②装润滑脂。轴承的内外环之间和轴承盖内,要塞装润滑脂,润滑脂的塞装要均匀和适量,装得太满在受热后容易溢出,装得太少润滑期短,一般二极电动机就装容腔的 1/3 ～ 1/2;四极以上的电动机应装空腔容积的 2/3,轴承内外盖的润滑脂一般为盖内容积的 1/3 ～ 1/2。

(2)后端盖的安装

将电动机的后端盖套在转轴的后轴承上,并保持轴与端盖相互垂直,用清洁的木锤或紫铜棒轻轻敲打,使轴承进入端盖的轴承室内,拧紧轴承内、外盖的螺栓,螺栓要对称逐步拧紧。

（3）转子的安装

把安装好后端盖的转子对准定子铁芯的中心,小心地往里放送,注意不要碰伤绕组线圈,当后端盖已对准机座的标记时,用木锤将后端盖敲入机壳止口,拧上后端盖的螺栓,暂时不要拧得太紧。

（4）前端盖的安装

将前端盖对准机座的标记,用木锤均匀敲击端盖四周,使端盖进入止口,然后拧上端盖的紧固螺栓。最后按对角线上下、左右均匀地拧紧前、后端盖的螺栓,在拧紧螺栓的过程中,应边拧边转动转子,避免转子不同心或卡住。接下来是装前轴承内、外盖,先在轴承外盖孔插入一根螺栓,一手顶住螺栓,另一只手缓慢转动转子,轴承内盖也随之转动,用手对齐轴承内外盖的螺孔,将螺栓拧入轴承内盖的螺孔,再将另两根螺栓逐步拧紧。

（5）安装风扇和带轮

在后轴端安装上风扇,再装好风扇的外罩,注意风扇安装要牢固,不要与外罩有碰撞和摩擦。装带轮时要修好键槽,磨损的键应重新配制,以保证连接可靠。

（6）装配后的检验

①一般检查所有紧固件是否拧紧;转子转动是否灵活,轴伸出端有无径向偏摆。

②测量绝缘电阻测量电动机定子绕组每相之间的绝缘电阻和绕组对机壳的绝缘电阻,其绝缘电阻值不能小于 0.5 MΩ。

③测量电流经上述检查合格后,根据名牌规定的电流电压,正确接通电源,安装好接地线,用钳形电流表分别测量三相电流,检查电流是否在规定的范围(空载电流约为额定电流的 1/3)之内;三相电流是否平衡。

④让电动机空转半个小时后,用转速表测量转速是否均匀并符合规定要求;检查机壳是否过热;轴承有无异常声音。

技能训练 三相异步电动机的拆装训练

1. 训练目标

①掌握三相异步电动机的拆卸、装配方法。

②能正确地对三相异步电动机进行拆卸和装配。

2. 器材与工具

拉具、油盘、活扳手、榔头、螺丝刀、紫铜棒、钢套筒、毛刷、油盆、扳手、钳子、长柄螺丝刀等电工工具,1 套;三相异步电动机,1 台;棉布、柴油、润滑脂,若干;兆欧表、钳形电流表、万用表,各 1 块。

3. 训练指导

①按三相异步电动机的拆卸顺序拆卸三相异步电动机。

②对电动机转子轴承洗油,对滚动轴承上润滑脂。

③按三相异步电动机装配顺序进行装配。

将以上拆装有关情况填入表 4-4 中。

表 4-4　三相异步电动机拆装记录

步　骤	内　容	工　艺　要　求
1	拆装前的准备	①拆卸地点＿＿＿＿＿＿＿＿。 ②拆卸前做记号： ✦ 联轴器或带轮与轴台的距离＿＿＿＿＿＿mm； ✦ 端盖与机座间做记号于＿＿＿＿＿地方； ✦ 前后轴承记号的形状态＿＿＿＿＿； ✦ 机座在基础上的记号＿＿＿＿＿＿＿＿
2	拆卸顺序	①＿＿＿＿＿＿；②＿＿＿＿＿＿；③＿＿＿＿＿。 ④＿＿＿＿＿＿；⑤＿＿＿＿＿＿；⑥＿＿＿＿＿
3	拆卸皮带轮或联轴器	①使用工具＿＿＿＿＿＿＿＿＿＿＿＿＿； ②工艺要点＿＿＿＿＿＿＿＿＿＿＿＿＿
4	拆卸轴承	①使用工具＿＿＿＿＿＿＿＿＿＿＿＿＿； ②工艺要点＿＿＿＿＿＿＿＿＿＿＿＿＿
5	拆卸端盖	①使用工具＿＿＿＿＿＿＿＿＿＿＿＿＿； ②工艺要点＿＿＿＿＿＿＿＿＿＿＿＿＿
6	检测数据	①定子铁芯内径＿＿＿＿mm,铁芯长度＿＿＿＿mm； ②转子铁芯内径＿＿＿＿mm,铁芯长度＿＿＿＿mm,转子总长＿＿＿＿mm； ③轴承内径＿＿＿＿mm,外径＿＿＿＿mm； ④键槽长＿＿＿＿mm,宽＿＿＿＿mm,深＿＿＿＿mm

④电动机装配后进行如下检验,将有关数据详细记录于表 4-5 中。

表 4-5　三相异步电动机拆装后测量数据记录

步　骤	内　容	检　查　结　果		
1	用兆欧表检查绝缘电阻（MΩ）	对地绝缘	U 相对机壳	
			V 相对机壳	
			W 相对机壳	
		相间绝缘	U、V 相间	
			V、W 相间	
			W、U 相间	
2	用万用表检查各相绕组直流电阻（Ω）	U 相		
		V 相		
		W 相		
3	检查空载电流（A）	I_U		
		I_V		
		I_W		

思考练习题

①简述三相异步电动机的主要结构及工作原理。

②叙述电动机的校正安装过程。电动机安装后试运行过程是什么？

③三相异步电动机拆卸顺序是什么？三相异步电动机装配后要进行哪些检验？

任务4.2 三相异步电动机的安装与故障检修技能训练

相关知识 三相异步电动机的安装、维护与故障检修

4.2.1 三相异步电动机的安装

1. 电动机的选配

合理选择电动机是正确使用电动机的前提，因电动机使用环境、负载情况各不相同，所以在选择电动机时要进行全面考虑。

①根据电源种类，电压、频率的高低来选择工作电压。电动机工作电压的选定应以不增加起动设备的投资为原则。

②根据电动机的工作环境选择防护形式。

③根据负载的匹配情况选择电动机的功率。

④根据电动机的起动情况来选择电动机。

⑤根据负载情况来选择电动机的转速。

⑥在具有同样功率的情况下，要选用电流小的电动机。

2. 安装前的检查

安装电动机前要做好以下检查：

①电动机的型号规格，是否与设计图纸的规定相符。

②外壳、风罩是否完好，转子是否转动灵活。

③打开接线盒，用万用表测量三相绕组应无开路。用兆欧表测量三相绕组之间、三相绕组与机壳之间的绝缘电阻，应不得小于 0.5 MΩ。

3. 电动机的安装与矫正

①安装地点选择在干燥、通风好、无腐蚀气体侵害的场所。

②为了使电动机稳定运转，且又不受潮气侵袭，应把它装在高度不小于 150 mm 的水泥墩上，并用地脚螺钉加以固定，如图 4-22 所示。地脚螺钉用六角螺栓制成，先用钢锯锯一条 25～40 mm 长的缝，再用钢凿分成人字形，然后埋入水泥墩里。安装时，电动机与水泥墩之间应垫衬一层质地坚韧的木板或硬胶皮等防振物，4 个紧固螺栓上均要套上弹簧垫圈，按对角线交错依次逐步拧紧。

③电动机安装在座墩上后，先用水平仪检查它的水平情况，如有不平，可用 0.5～5 mm 厚的钢片垫在机座下来矫正电动机的水平。不能使用木片或竹片垫在机座下，以防在拧紧螺母或电动机运过程中木片或竹片变形、碎裂。

4. 电动机传动装置的安装与矫正

（1）带传动装置的安装与矫正

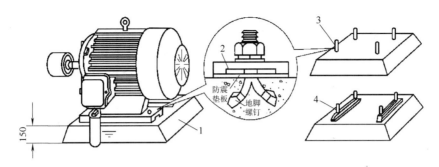

图 4-22 电动机安装在水泥墩上

1—水泥墩;**2**—机座;**3**—固定的地脚螺钉;**4**—活动的地脚螺钉

①电动机机座与底座间衬垫的防振物不可太厚,以免影响两个带轮间距。

②电动机的带轮与被驱动机械的带轮的直径大小必须配套。

③电动机的带轮与被驱动机械的带轮要装在一条直线上。

④塔式三角带必须装成一正一反,否则不能进行调整。

⑤带轮连接时,必须根据带的宽度和厚度选择适当的固定螺栓,带扣不可反装在带轮上,以防转动时发生撞击。

⑥当两带轮宽度不相等时,可先在两带轮上画出中心线,然后用一根细线将它对准被驱动机械带轮的宽度中心线 AB,如图 4-23 所示。如果电动机带轮宽度中心线 CD 不与细线重合,则必须移动电动机或在机座下垫薄铁片,直至电动机带轮的宽度中心线 CD 与细线重合为止。矫正时,应以大轮为准,逐步调整小轮,如图 4-23 所示。

如两带轮宽度相同,可不画中心线,直接将拉直的细线紧贴被驱动机械带轮侧面,再矫正电动机,使它的带轮也贴住细线。如果拉直的细线与两带轮的侧面刚好贴住,则电动机已矫正好,如图 4-24 所示。

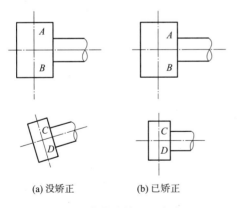

(a) 没矫正　　　　(b) 已矫正

图 4-23 带传动的矫正方法图

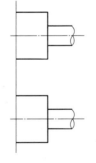

图 4-24 带轮宽度相同时的矫正方法

（2）联轴器传动装置的安装和矫正

联轴器对好方位后,可用钢尺的一边放在两联轴器边缘的平面上,如图 4-25 所示。将电动机联轴器每转过 90°测一次,共测 4 次,若两个外盘无高低之分,则电动机和机械的两根轴处于同心状态。反之,则须通过增减机械和电动机地脚垫片的厚度来调整。

（3）齿轮传动的矫正

当电动机通过齿轮与被驱动的机械连接时，必须使两轴保持平行。可用塞尺测量两齿轮的齿间间隙，应使其间隙一致。同时用颜色印迹法来检查大小齿轮啮合是否良好，一般应使齿轮接触部分不小于齿宽的 2/3。

5. 电动机的连接导线的选择与敷设

电动机连接导线的截面积必须满足载流量的需求；铜芯线最小截面积不得小于 $1~mm^2$；铝芯线最小截面积不得小于 $2.5~mm^2$。线路在室内水平敷设时离地低于 2 m 的导线以及垂直敷设时离地低于 1.3 m

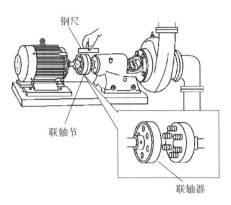

图 4-25　用钢尺校准联轴器中心线

的导线，均应穿钢管或硬塑料管加以保护。管口需套上护口圈，以免割伤导线。穿导线的钢管应预埋（也称为暗敷方式），连接电动机一端的管口离地不得低于 100 mm，且尽量接近电动机的接线盒，并用软管伸入接线盒内。在机床设备上，沿床面敷设导线的方式称为明敷。各电器元件和电动机间的连接线都可以根据实际需求选择敷线方式和线管类别。一般情况下，导线的活动部分通常采用软管连接。

6. 电动控制保护装置的选择与安装

每台电动机必须装备一套能单独进行操作控制的控制开关和单独进行短路及过载保护的保护电器。

①功率在 0.5 kW 以下的电动机，允许用插座作为电源通断的直接控制。如需进行频繁操作，则应在插座上安装熔断器。

②功率在 0.5~3 kW 的电动机，可采用开启式负荷开关，开关的额定电流必须大于电动机额定电流的 2.5 倍，且必须在开关内安装熔体的位置上用钢丝接通，并在开关的后一级再装上熔断器，作为严重过载和短路保护。

③功率在 3 kW 以上的电动机，可选用组合开关、小型低压熔断器或交流接触器等。

④功率较大的电动机，起动电流较大。为了不影响其他电气设备的正常运行和线路的安全，必须加装起动设备，减小起动电流。

⑤一般中小型电动机通常采用熔断器熔体的方法达到切断故障电流的目的，熔断器的规格必须大于电动机额定电流的 3 倍。

⑥电动机操作开关的安装。开关必须安装在便于监视电动机和设备运行情况，又便于操作且不易被人触碰而造成误动作的位置，通常装在电动机的右侧。

7. 安装电压表和电流表

对于大中型和要求较高的电动机，为了便于监控，需要安装电压表和电流表。电压表通常只接一个，通过换相开关进行换相测量，要正确选择电压表的量程。要求较高的应装 3 个电流表，即各相都串接电流表；一般要求的可在第二相串接一个电流表。电流表的量程应大于电动机额定电流的 2~3 倍，以保证起动电流的通过。

8. 电动机的接线及试运行

三相异步电动机定子绕组的连接方法有星形和三角形连接法两种。对于具体的电动机到底采用哪种连接方法,由该电动机铭牌上标明的"接法"而确定。

电动机接上电源进线和接地线后,即可通电试运行。一般先合闸 2~3 次,每次 2~3 s,观察电动机是否起动,有无异常响声或气味,如果正常,然后空载运行 30 min。若无过热及其他异常,安装便告结束。

4.2.2　三相异步电动机的运行维护与常见故障检修

1. 电动机的起动前检查

为了保证设备和人身安全,使电动机能够正常起动,对于新购入的(或经过检修长期未用过的)电动机起动前应做以下检查:

①检查电动机外壳有无裂纹,接地是否可靠,地脚螺钉、端盖螺栓是否松动;旋转装置的防护罩等安全措施是否完好。

②电动机铭牌上所示的电压、频率与使用的电源是否一致,接法是否正确,电源的容量与电动机的容量及起动方法是否合适;使用的电线规格是否合适,电动机进、出线与线路连接是否牢固,接线有无错误,端子有无松动或脱落。

③开关、接触器、熔断器和热继电器是否合适,触点接触是否良好;热继电器是否复位;起动器的开关或手柄的位置是否正确及符合起动要求。

④用手盘车应均匀、平衡、灵活,窜动不应超过规定值。

⑤检查轴承是否缺油,油质是否符合标准,加油时应达到规定的油位。对于强迫润滑的电动机,起动前还应检查油路有无阻塞,油温是否合适,循环油量是否符合要求。

⑥检查传动装置,传动带不得过紧或过松,连接要可靠,无裂伤迹象;联轴器螺钉及销子应完整、紧固,不得松动。

⑦检查通风系统是否完好,通风装置和空气滤清器等器件应符合有关规定的要求;电动机内部有无杂物等。

⑧检查电动机绕组相间和绕组对地绝缘是否良好,测量绝缘电阻应符合规定要求。

⑨对绕线式电动机,还应检查电刷接触是否良好,电刷压力是否正常。

⑩对不可逆转的电动机,还应检查电动机的旋转方向是否与该电动机所标的箭头的运转方向一致。

2. 电动机起动后的检查

①电动机起动后的电流是否正常,在三相电源电压平衡时,三相电流中任一相与三相平均值的偏差不得超过 10%。

②电动机的旋转方向是否正确。

③有无异常振动和响声,有无异味和冒烟现象。

④使用滚动轴承时,检查带油环转动是否灵活、正常。

⑤电流的大小与负载是否相当,有无过载情况。

⑥起动装置的动作是否正常,是否逐级加速,电动机加速是否正常,起动时间有无超过规定值。

3. 电动机运行中的监视和维护

①监视电源电压、频率的变化和电压的不平衡度。电源电压和频率过高或过低,三相

电压的不平衡造成的电流不平衡,都可能引起电动机过热或出现其他不正常现象。通常,电源电压的波动值不应超过额定电压的±10%,任意两相电压之差不应超过5%。为了监视电源电压,在电动机电源上最好装一块电压表和转换开关。频率(电压为额定)与额定值的偏差不超过±1%。

②监视电动机的运行电流。在正常情况下,电动机的运行电流不应超过铭牌上标出的额定电流。同时,还应注意三相电流是否平衡。通常,任意两相间的电流差不应大于额定电流的10%。对于容量较大的电动机,应装设监视电流表监测;对于容量较小的电动机,应随时用钳形电流表测量。

③监视电动机的温升。电动机的温升不应超过其铭牌上标明的允许温升限度。检查电动机温升可用温度计测量。最简单的方法是用手背触及电动机外壳,如电动机烫手,则表明电动机过热,此时可在外壳上洒几滴水,如果水急剧气化,且有咝咝声,则表明电动机明显过热。

④检查电动机运行中的声音、振动和气味。对运行中的电动机应经常检查其外壳有无裂纹,螺钉是否有脱落或松动,电动机有无异响或振动等。监视时,要特别注意电动机有无冒烟和异味出现,若嗅到焦糊味或看到冒烟,必须立即停机检查处理。

⑤监视轴承工作情况。对轴承部位,要注意它的温度和响度。温度升高、响声异常则可能是轴承缺油或磨损。用联轴器传动的电动机,若中心校正不好,会在运行中发出响声,并伴随着发生振动。

⑥监视传动装置工作情况。电动机运行中应注意观察带轮或联轴器是否松动,皮带不应有打滑或跳动现象,若皮带太松,应进行调整,并防止皮带受潮。要注意皮带与带轮结合处的连接。

在发生人身触电事故,电动机冒烟、剧烈振动、轴承剧烈发热、转速突然下降、温度迅速升高等严重故障情况时,应立即停机处理。

4. 电动机的定期检修

为了延长电动机的使用寿命,除了上述监视和维护外,还要定期检修,定期检修分为定期小修(对电动机的一般清理和检查,不拆开电动机)和定期大修(全部拆开电动机)两种。

(1)电动机的定期小修

小修一般对电动机起动设备和其他装置不做大的拆卸,仅为一般检修,每半年小修一次。定期小修的主要内容包括:

①清擦电动机外壳,除掉运行中积累的污垢。

②测量电动机绝缘电阻,测后注意重新接好线,拧紧接线头螺钉。

③检查电动机端盖,地脚螺钉是否紧固。

④检查电动机接地线是否可靠。

⑤检查电动机与负载机械间传动装置是否良好。

⑥拆下轴承盖,检查润滑油是否变脏、干涸,及时加油和换油。处理完毕后,注意上好端盖及紧固螺钉。

⑦检查电动机附属起动和保护设备是否完好。

⑧检查电动机风扇是否损坏、松动。

⑨电动机电源接线与绝缘是否良好。

若在小修时发现问题,应及时处理,确保电动机安全正常运行。

(2)电动机的定期大修

在正常情况下,电动机的大修周期为 1~2 年。电动机的定期大修应结合负载机械的大修进行。大修时,拆开电动机进行以下项目的检查修理。

①检查电动机各部件有无机械损伤,若有则应进行相应修复。

②对拆开的电动机和起动设备进行清理,清除所有油泥、污垢。清理中,注意观察绕组绝缘状况。若绝缘为暗褐或深棕色,说明绝缘已经老化,对这种绝缘要特别注意不要碰撞使它脱落。若发现有脱落应进行局部绝缘修复和刷漆。

③拆下轴承,浸在柴油或汽油中彻底清洗。把轴承架与钢珠间残留的油脂及脏物洗掉后,用干净柴(汽)油清洗一遍。清洗后的轴承应转动灵活,不松动。若轴承表面粗糙,说明油脂不合格;若轴承表面变色(发蓝),则它已受热退火。应根据检查结果,对油脂或轴承进行更换,并消除故障原因(如清除油中砂、铁屑等杂物;正确安装电动机等)。

安装轴承时,加油应从一侧加入。油脂占轴承内容积 1/3~2/3 即可。油加得太满会发热流出。润滑油可采用钙基润滑脂或钠基润滑脂。

④检查定子绕组是否存在故障。使用兆欧表测绕组绝缘电阻可判断绕组绝缘是否受潮或是否有短路。若有,应进行相应处理。

⑤检查定子、转子铁芯有无磨损和变形,若观察到有磨损处或发亮点,说明可能存在定子、转子铁芯相擦;应使用锉刀或刮刀把亮点刮低。若有变形应进行相应修复。

⑥在进行以上各项修理、检查后,对电动机进行装配、安装。

⑦安装完毕的电动机,应按照大修后的试验与检查要求内容和方法进行修理后检查。在各试验项目进行完毕,符合要求后,方可带负载运行。大修后的试验与检查内容主要包括:装配质量检查、绕组绝缘电阻测定、绕组直流电阻测定、定子绕组交流耐压试验、空载检查和空载电流的测定。

5.三相异步电动机的常见故障及修理方法

(1)故障检查方法

电动机常见的故障可以归纳为机械故障和电气故障。机械故障,如负载过大,轴承损坏,转子扫堂(转子外圆与定子内壁摩擦)等;电气故障,如绕组断路或短路等。三相异步电动机的故障现象比较复杂,同一故障可能出现不同的现象,而同一现象又可能由不同的原因引起。在分析故障时要透过现象抓住本质,用理论知识和实践经验相结合,才能及时准确地查出故障原因。

一般的检查顺序是先外部后内部、先机械后电气、先控制部分后机组部分,采用"问、看、闻、摸"的办法。

问:首先应详细询问故障发生的情况,尤其是故障发生前后的变化,如电压、电流等。

看:观察电动机外表有无异常情况,端盖、机壳有无裂痕,转轴有无转弯,转动是否灵活,必要时打开电动机观察绝缘漆是否变色,绕组有无烧坏的地方。

闻:也可用鼻子闻一闻有无特殊气味,辨别出是否有绝缘漆或定子绕组烧毁的焦糊味。

摸:用手触摸电动机外壳及端盖等部位,检查螺栓有无松动或局部过热(如机壳某部位或轴承室附近等)情况。

如果表面观察难以确定故障原因,可以使用仪表测量,以便做出科学、准确的判断。操作步骤如下:

①用兆欧表分别测绕组相间绝缘电阻、对地绝缘电阻。

②如果绝缘电阻符合要求,用电桥分别测量三相绕组的直流电阻是否平衡。

③前两项符合要求即可通电,用钳形电流表分别测量三相电流,检查其三相电流是否平衡而且是否符合规定要求。

三相异步电动机绕组损坏大部分是由单相运行造成,即正常运行的电动机突然一相断电,而电动机仍在工作。由于电流过大,如不及时切断电源势必烧毁绕组。单相运行时,电动机声音极不正常,发现后应立即停车。造成一相断电的原因是多方面的,如一相电源线断路一相熔断器熔断、开关一相接触失灵、接线头一相松动等。

此外,绕组短路故障也较多见,主要是绕组绝缘不同程度的损坏所致。例如,绕组对地短路、绕组相间短路和一相绕组本身的匝间短路等都将导致绕组不能正常工作。

当绕组与铁芯间的绝缘(槽绝缘)损坏时,发生接地故障,由于电流很大,可能使接地点的绕组烧断或使熔丝熔断,继而造成单相运行。

相间绝缘损坏或电动机内部的金属杂物(金属碎屑、螺钉、焊锡豆等)都可导致相间短路,因此装配时一定要注意电动机内部的清洁。

一相绕组如有局部导线的绝缘漆损坏(如嵌线或整形时用力过大,或有金属杂物)可使线圈间造成短接,则称为匝间短路,使绕组有效圈数减少,电流增大。

(2)三相异步电动机常见故障处理办法

电动机在运行过程中,因各种原因会发生各种故障,电动机的常见故障和处理方法如表4-6所示。

表4-6　三相电动机常见故障及修理方法

故障现象	原因分析	处理方法
不能起动或转速低	①电源电压过低; ②熔断器熔断一相或其他连接处断开一相; ③定子绕组断路; ④线绕式转子内部或外部断路或接触不良; ⑤笼形转子断条或脱焊; ⑥定子绕组三角形接法的,误接成星形接法; ⑦负载过大或机械卡住	①检查电源; ② ③用摇表或万用表检查有无断路或接触不良; ④ ⑤将电动机接15%~30%额定电压的三相电源上,测量三相电流,如电流随转子的位置变化说明有断条或脱焊; ⑥检查接线并改正; ⑦检查负载及机械部件
三相电流不平衡	①定子绕组一相首末两端接反; ②电源不平衡; ③定子绕组有线圈短路; ④定子绕组匝数错误; ⑤定子绕组部分线圈接线错误	①用低压单相交流电源,指示灯或电压表等器材,确定绕组首末端,重新接线; ②检查电源; ③检查有无局部过热; ④测量绕组电阻; ⑤检查接线并改正

故障现象	原因分析	处理方法
过热	①过载； ②电源电压太高； ③定子铁芯短路； ④定子、转子相碰； ⑤通风散热障碍； ⑥环境温度过高； ⑦定子绕组短路或接地； ⑧接触不良； ⑨缺相运行； ⑩线圈接线错误； ⑪受潮； ⑫起动过于频繁	①减载或更换电动机； ②检查并设法限制电压波动； ③检查铁芯； ④检查铁芯、轴、轴承、端盖等； ⑤检查风扇通风道等； ⑥加强冷却或更换电动机； ⑦检查绕组直流电阻、绝缘电阻； ⑧检查各接触点； ⑨检查电源及定子绕组的连续性； ⑩参照图纸检查并改正； ⑪烘干； ⑫按规定频率起动
滑环火花大	①电刷牌号不符； ②电刷压力过小或过大； ③电刷与滑环接触不良； ④滑环不平,不圆或不清洁	①更换电刷； ②调整电刷压力(一般电动机为 0.015 ~ 0.025 MPa,牵引和起重电动机为 0.025 ~ 0.040 MPa)； ③研磨、修理电刷和滑环； ④修理滑环
内部冒烟起火	①电刷下火花太大； ②内部过热	①调整、修理电刷和滑环； ②消除过热原因
震动和响声大	①地基不平,安装不好； ②轴承缺陷或装配不良； ③转动部分不平衡； ④轴承或转子变形； ⑤定子或转子绕组局部短路； ⑥定子铁芯压装不紧； ⑦设计时,定子、转子槽数配合不妥	①检查地基和安装； ②检查轴承； ③必要时做静平衡或动平衡试验； ④检查转子并校正； ⑤拆开电动机,用表检查； ⑥检查铁芯并重新压紧； ⑦不允许运行
外壳带电	①接地不良； ②接线板损坏或污垢太多； ③绕组绝缘损坏； ④绕组受潮	①查找原因,予以改正； ②更换或清理接线板； ③查找绝缘损坏部位,修复并进行绝缘处理； ④测量绕组绝缘电阻,如阻值太低,进行干燥或绝缘处理

技能训练　三相异步电动机的常见故障分析与检修训练

1. 训练目标

①能正确地对三相异步电动机进行实际检测。

②初步具有判断故障及检修的能力。

2. 器材与工具

三相笼形异步电动机(三角形接法),1 台;万用表、兆欧表、钳形电流表,各 1 块;电工工具,1 套;导线,若干。

3. 训练指导

①未预设故障前,检测出电动机的有关数据,以便与后面故障状态的数据比较,找出其

中的规律。将所观察正常电动机及运行中所检测的有关数据填入表4-7中。

表4-7　正常电动机及运行中有关数据

铭牌额定值		电压_____ V,电流_____ A,转速_____ r/min,功率_____ kW,接法_____
实际检测	三相电源电压	U_{UV}_____ V,U_{VW}_____ V,U_{WU}_____ V
	三相绕组电阻	R_U_____ Ω,R_V_____ Ω,R_W_____ Ω
	绝缘电阻 / 对地绝缘	U相对地电阻_____ MΩ,V相对地电阻_____ MΩ,W相对地电阻_____ MΩ
	绝缘电阻 / 相间绝缘	UV相间电阻_____ MΩ,VW相间电阻_____ MΩ,WU相间电阻_____ MΩ
	三相电流 / 空载	I_U_____ A,I_V_____ A,I_W_____ A
	三相电流 / 满载	I_U_____ A,I_V_____ A,I_W_____ A
	转速 / 空载	_____ r/min　满载 _____ r/min

②在接线盒中有6个接线端的电动机中,人为预设部分典型故障,观察其故障现象,用仪表检查测试,并注意操作安全,将情况填入表4-8中。

表4-8　故障电动机有关情况及数据

预设故障部位	故障现象	检测情况 项目	检测情况 数据	与正常值比较
运行前一相熔体熔断		空载电流	I_U_____ A,I_V_____ A,I_W_____ A	
		三相绕组间电压	U_{UV}_____ V,U_{VW}_____ V,U_{WU}_____ V	
		转速	_____ r/min	
运行中一相熔体熔断		空载电流	I_U_____ A,I_V_____ A,I_W_____ A	
		三相绕组间电压	U_{UV}_____ V,U_{VW}_____ V,U_{WU}_____ V	
		转速	_____ r/min	
一相绕组接反		空载电流	I_U_____ A,I_V_____ A,I_W_____ A	
		三相绕组间电压	U_{UV}_____ V,U_{VW}_____ V,U_{WU}_____ V	
		转速	_____ r/min	
一相绕组碰壳（在接线盒中设置）		空载电流	I_U_____ A,I_V_____ A,I_W_____ A	
		三相绕组间电压	U_{UV}_____ V,U_{VW}_____ V,U_{WU}_____ V	
		转速	_____ r/min	
将三角形接法改接成星形		空载电流	I_U_____ A,I_V_____ A,I_W_____ A	
		空载转速	_____ r/min	

思考练习题

①如何安装三相异步电动机?

②三相异步电动机运行前应做哪些检查?

③怎样检查三相异步电动机的故障?

④发生哪些严重故障情况时,电动机应立即停机?

⑤三相异步电动机定期小修和定期大修各需要检修哪些项目?

⑥绕组错接有哪些现象? 常用哪些方法进行检查?

⑦在工厂里检修异步电动机时,常发现烧毁的仅是三相绕组中的某一相或某二相绕组,这是由于哪些原因造成的? 可采用什么措施防止此类事故的发生?

项目 5

常用低压电器的拆装与检修技能训练

项目内容

✦ 常用低压电器(开关类电器、主令电器、熔断器、接触器、继电器等)的用途、结构、工作原理和选用。

✦ 常用低压电器的安装、拆装及故障检修。

项目目标

✦ 熟悉常用低压电器的结构、工作原理、用途、图形符号、型号及主要参数。

✦ 能正确选用、安装、拆装、检测和维修常用低压电器。

任务 5.1　常用开关类低压电器的拆装与检修技能训练

相关知识　常用开关类低压电器

5.1.1　负荷开关

1. 开启式负荷开关

(1)开启式负荷开关的结构及作用

开启式负荷开关又称胶盖刀开关,是一种手动电器,主要用作电气照明电路、电热回路的控制开关,也可作分支电路的配电开关,并具有短路或过保护功能。在降低容量的情况下,还可作小容量(功率在 5.5 kW 及以下)动力电路不频繁起动的控制开关。它主要由刀开关和熔断器组合而成,瓷质底座上装有静触点(刀座)、熔丝接头、瓷质手柄等,并有上、下胶盖来遮盖电弧。开启式负荷开关的结构及图形符号如图 5-1 所示。它具有结构简单,价格便宜,安装、使用、维修方便等优点。

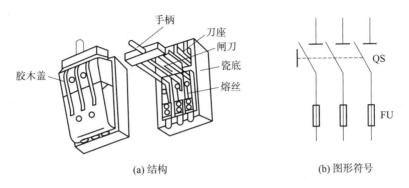

(a) 结构　　　　　　　　(b) 图形符号

图 5-1　开启式负荷开关

开启式负荷开关可分二极和三极两种,二极式的额定电压为 220 V,三极式的额定电压为 380 V。使用较为广泛的开启式负荷开关为 HK 系列,其型号含义如下:

常用的开启式负荷开关有 HK1 和 HK2 两个系列。

(2)开启式负荷开关的选用

选用开启式负荷开关的注意事项如下:

①额定电压、额定电流及极数的选择应符合电路的要求。控制单相负载时选用 220 V 或 250 V 二极开关;控制三相负载时,选用 380 V 三极开关。用于控制照明电路或其他电阻性负载时,开关额定电流应不小于各负载额定电流之和。若控制电动机或其他电感性负载,其开关额定电流是最大一台电动机额定电流的 2.5 倍加其余电动机额定电流之和;若只控制一台电动机,则开关额定电流为该电动机额定电流的 2.5 倍。

②选择开关时,应注意检查各刀片与对应夹座是否接触良好,各刀片与夹座开合是否同步。若有问题,应予以修理或更换。

(3)安装开启式负荷开关时注意事项

①安装时,瓷底应与地面垂直,手柄向上推为合闸,不得倒装和平装。因为闸刀正装便于灭弧,而倒装和横装灭弧困难,易烧坏触点,再则因刀片的自重或振动,可能导致误合闸而引发危险。

②接线时螺钉应紧固到位,电源进线必须接闸刀上方的静触点接线柱,通往负载的引线接下方的接线柱。

③安装好后应检查闸刀和静触点是否成直线和紧密可靠。

④更换熔丝时必须按原规格,并在闸刀断开时进行。

(4)开启式负荷开关的常见故障及处理方法

开启式负荷开关的常见故障及处理方法如表 5-1 所示。

表 5-1 开启式负荷开关的常见故障及处理方法

故 障 现 象	故 障 原 因	处 理 方 法
合闸后,开关一相或两相开路	①静触点弹性消失,开口过大,造成动、静触点接触不良; ②熔丝熔断或虚连; ③动、静触点氧化或有尘污; ④开关进线或出线线头接触不良	①修整或更换静触点; ②更换熔丝或紧固; ③清洁触点; ④重新连接
合闸后,熔丝熔断	①外接负载短路; ②熔体规格偏小	①排除负载短路故障; ②按要求更换熔体
触点烧坏	①开关容量太小; ②拉、合闸动作过慢,造成电弧过大,烧坏触点	①更换开关; ②修整或更换触点,并改善操作方法

2. 封闭式负荷开关

（1）封闭式负荷开关的结构及作用

封闭式负荷开关又称铁壳开关,与开启式负荷开关的不同之处是将熔断器和刀座等安装在薄钢板制成的防护外壳内。在铁壳内部有速断弹簧,用以加快刀片与刀座分断速度,减少电弧。封闭式负荷开关的外形如图 5-2 所示。在封闭式负荷开关的外壳上,还设有机械连锁装置,使壳盖打开时开关不能闭合,开关断开时壳盖才能打开,从而保证了操作安全。

封闭式负荷开关一般用于电气照明、电力排灌、电热器线路的配电设备中,供手动不频繁地接通和分断负荷电路及作线路末端的短路保护。也可用于 15 kW 以下电动机不频繁全压起动的控制开关。

常用的封闭式负荷开关有 HH3 和 HH4 两个系列。

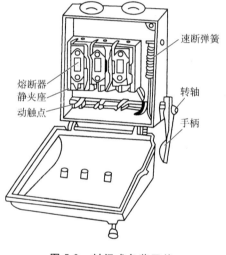

图 5-2 封闭式负荷开关

（2）封闭式负荷开关的选用

①作为隔离开关或控制电热、照明等电阻性负载时,封闭式负荷开关的额定电流等于或稍大于负载的额定电流即可。

②用于控制电动机起动和停止时,封闭式负荷开关的额定电流可按大于或等于两倍电动机额定电流选取。

（3）安装封闭式负荷开关时注意事项

①安装时先预埋紧固件,固定好木质配电板,再将封闭式负荷开关固定在配电板上。

②应垂直于地面安装,其安装高度以手动操作方便和安全为原则,通常在 1.3 ~ 1.5 m。

③封闭式负荷开关外壳上的接地螺钉应就近可靠接地,以防漏电。

④接线时电源进、出线都应分别穿入铁壳上方进出线孔。

封闭式负荷开关在操作时,不得面对封闭式负荷开关拉闸或合闸。

（4）封闭式负荷开关的常见故障及处理方法

封闭式负荷开关的常见故障及处理方法如表 5-2 所示。

表 5-2　封闭式负荷开关的常见故障及处理方法

故 障 现 象	故 障 原 因	处 理 方 法
操作手柄带电	①外壳未接地或接地线松脱; ②电源进出线绝缘损坏碰壳	①检查后,加固接地导线; ②更换导线或恢复绝缘
夹座静触点过热或烧坏	①夹座表面烧毛; ②闸刀与夹座压力不足; ③负载过大	①用细锉修整夹座; ②调整夹座压力; ③减轻负载或更换大容量开关

5.1.2　组合开关

1. 组合开关的结构及作用

组合开关也称为转换开关,也属于手动控制电器。组合开关的结构主要由静触点、动触点和绝缘手柄组成,静触点一端固定在绝缘板上,另一端伸出盒外,并附有接线柱,以便和电源线及其他用电设备的导线相连。动触点装在另外的绝缘垫板上,垫板套装在附有绝缘手柄的绝缘杆上,手柄能沿顺时针或逆时针方向转动,带动动触点分别与静触点接通或断开。图 5-3 所示为组合开关的结构、接线和图形符号。

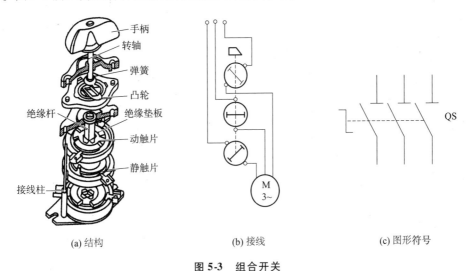

(a) 结构　　　　　　　　　(b) 接线　　　　　　　　　(c) 图形符号

图 5-3　组合开关

组合开关一般用于电气设备中作为电源引入开关,用来非频繁地接通和分断电路,换接电源或作 5.5 kW 以下电动机直接起动、停止、反转和调速等之用,其优点是体积小、寿命长、结构简单、操作方便、灭弧性能好,多用于机床控制电路。其额定电压为 380 V,额定电流有 6 A、10 A、15 A、25 A、60 A、100 A 等多种。

其型号含义如下:

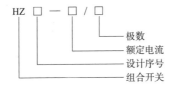

常用的组合开关有 HZ5、HZ10、HZ15 等系列,其中 HZ5 系列类似万能转换开关,HZ10 系列为全国统一设计产品,应用很广,而 HZ15 系列为新型号产品,可取代 HZ10 系列产品。

2. 组合开关的选用

①用于一般照明、电热电路,其额定电流应大于或等于被控电路的负载电流总和。

②当用作设备电源引入开关时,其额定电流稍大于或等于被控制电路的负载电流的总和。

③当用于直接控制电动机时,其额定电流一般可取电动机额定电流的 2～3 倍。

3. 安装组合开关时的注意事项

①安装组合开关时应使手柄保持平行于安装面。

②HZ10 系列组合开关应安装在控制箱(或壳体)内,其操作手柄最好伸出在控制箱的前面或侧面,应使手柄在水平旋转位置时为断开状态。

③若需在箱内操作,开关最好装在箱内右上方,且其上方不宜安装其他电器,否则应采用隔离或绝缘措施。

4. 组合开关的常见故障及处理方法

组合开关的常见故障及处理方法如表 5-3 所示。

表 5-3　组合开关的常见故障及处理方法

故 障 现 象	故 障 原 因	处 理 方 法
手柄转动后,内部触点未动	①手柄上的轴孔磨损变形; ②绝缘杆变形(由方形磨为圆形); ③手柄与方轴,或轴与绝缘杆配合松动; ④操作机构损坏	①调换手柄; ②更换绝缘杆; ③紧固松动部件; ④修理更换
手柄转动后,动、静触点不能按要求动作	①组合开关型号选用不正确; ②触点角度装配不正确; ③触点失去弹性或接触不良	①更换开关; ②重新装配; ③更换触点、清除氧化层或污染
接线柱间短路	因铁屑或油污附着在接线柱间,形成导电层,将胶木烧焦,绝缘损坏而形成短路	更换开关

5.1.3　低压断路器

1. 低压断路器的结构、用途及工作原理

低压断路器又称自动空气开关,是低压电路中重要的开关电器。它不但具有开关的作用及保护功能,还具有短路、过载和欠电压保护等功能,动作后不需要更换元件。一般容量的低压断路器采用手动操作,较大容量的采用电动操作。

低压断路器在动作上相当于刀开关、熔断器和欠电压继电器的组合作用。它的结构形式很多,其原理示意图及图形符号如图 5-4 所示。它主要由触点、脱扣机构组成。主触点通常是由手动的操作机构来闭合的,开关的脱扣机构是一套连杆装置,当主触点闭合后就被锁钩扣住。

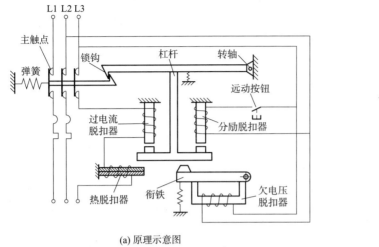
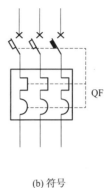

(a) 原理示意图　　　　　　　　　　　(b) 符号

图 5-4　低压断路器的原理示意图及符号

　　低压断路器利用脱扣机构使主触点处于"合"与"分"状态,正常工作时,脱扣机构处于"合"位置,此时触点连杆被搭钩锁住,使触点保持闭合状态;扳动脱扣机构置于"分"位置时,主触点处于断开状态,低压断路器的"分"与"合"在机械上是互锁的。

　　当被保护电路发生短路或严重过载时,由于电流很大,过流脱扣器的衔铁被吸合,通过杠杆将搭钩顶开,主触点迅速切断短路或严重过载的电路。当被保护电路发生过载时,通过发热元件的电流增大,产生的热量使双金属片弯曲变形,推动杠杆顶开搭钩,主触点断开,切断过载电路。过载越严重,主触点断开越快,但由于热惯性,主触点不可能瞬时动作。

　　当被保护电路失电压或电压过低时,欠电压脱扣器中衔铁因吸力不足而将被释放,经过杠杆将搭钩顶开,主触点被断开;当电源恢复正常时,必须重新合闸后才能工作,实现了欠电压和失电压保护。

　　低压断路器的型号含义如下:

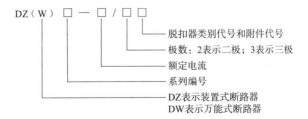

　　例如,DW10-00/3S 表示万能式自动空气断路器,系列 10、额定电流 600 A,三极瞬时脱扣。

　　2. 低压断路器的选用

　　①低压断路器的额定电压应高于线路的额定电压。

　　②用于控制照明电路时,电磁脱扣器的瞬时脱扣整定电流一般取负载的 6 倍。用于电

动机保护时,装置式低压断路器电磁脱扣器的瞬时脱扣整定电流应为电动机起动电流的1.7倍。万能式低压断路器的上述电流应为电动机起动电流的1.35倍。

③用于分断或接通电路时,其额定电流和热脱扣器整定电流均应等于或大于电路中负载电流额定电流的2倍。

④选用低压断路器作为多台电动机短路保护时,电磁脱扣器整定电流为容量最大的一台电动机起动电流的1.3倍加上其余电动机额定电流的2倍。

⑤选用低压断路器时,在类型、等级、规格等方面要配合上、下级开关的保护特性,不允许因本级保护失灵导致越级跳闸,扩大停电范围。

3. 安装低压断路器时注意事项

(1)安装前的检查

①外观检查。看低压断路器外观有无损坏,紧固件是否松动,可动部分是否灵活。

②技术指标检查。核查各参数是否符合要求。

③绝缘电阻检查。用兆欧表检查低压断路器相与相,相与地之间的绝缘电阻是否符合要求。

④表面清洁,去除污物和衔铁端面油脂。

(2)安装注意事项

①低压断路器的底板应垂直于水平位置,固定后应保持平整,倾斜度不大于5°。

②低压断路器应上端接电源,下端接负载。

③有接地螺钉的产品应可靠接地。

④有半导体脱扣装置的低压断路器,其接线端应符合相序要求,脱扣装置的端子应可靠连接。

4. 低压断路器的常见故障及处理方法

低压断路器的常见故障及处理方法如表5-4所示。

表5-4 低压断路器的常见故障及处理方法

故障现象	故障原因	处理方法
手动操作低压断路器,触点不能闭合	①失压脱扣器无电压或线圈烧毁; ②储能弹簧变形,闭合力减小; ③反作用弹簧力过大; ④机构不能复位	①加以电压或更换新线圈; ②更换储能弹簧; ③调整弹簧力反作用力; ④调整脱扣器
电动操作低压断路器,触点不能闭合	①电源电压不符合操作电压; ②电磁铁拉杆行程不够; ③电动机操作定位开关失灵; ④控制器中整流器或电容器损坏; ⑤电源容量不够	①更换电源; ②重新调或更换拉料; ③重新定位; ④更换损坏的元件; ⑤更换操作电源
有一相触点不闭合	开关的一相连杆断裂	更换连杆
合/分脱扣器不能使低压断路器分断	①线圈短路; ②电源电压太低; ③脱扣面太小; ④螺钉松动	①更换线圈; ②升高或更换电源电压; ③重新调整脱扣面; ④紧固松动螺钉

续表

故 障 现 象	故 障 原 因	处 理 方 法
失压脱扣器不能使低压断路器分断	①反力弹簧变小； ②若为储能释放,则储能弹簧变小； ③机构卡死	①调整更换弹簧； ②调整储能弹簧； ③消除卡死原因
起动电动机时,低压断路器立即分断	过电流脱扣器瞬动延时整定值不对	①调整过电流脱扣器瞬时整定弹簧； ②空气式脱扣器阀门可能失灵或橡皮膜破裂,查明后更换
低压断路器工作一段时间后自行分断	①过电流脱扣器长延时整定值不对； ②热元件和半导体延时元件变质	①重新调整； ②更换元件
失压脱扣器有噪声	①反力弹簧力太大； ②铁芯工作面上有油污； ③短路环断裂	①调整触点压力或更换弹簧； ②清除油污； ③更换衔铁或铁芯短路环
低压断路器温度过高	①触点压力过低； ②触点表面磨损严重或接触不良； ③两个导电元件连接处螺钉松动	①调整触点压力； ②更换或清扫接触面,如不能换触点时,应更换整台开关； ③拧紧
辅助触点不能闭合	①辅助开关的动触点卡死或脱落； ②辅助开关传动杆断裂或滚轮脱落	①更换或重装好触点； ②更换
半导体过电流脱扣器误动作使低压断路器断开	在查找故障时,确认半导体过电流脱扣器本身无故障后,在大多数情况下,可能是其他电器动作产生巨大电磁场脉冲,错误触发半导体脱扣器	需要仔细查找引起错误触发的原因,例如大型电磁铁的分断、接触器的分断、电焊等,找出错误触发源予以隔离或更换线路

5.1.4　低压熔断器的使用

　　熔断器有高压熔断器和低压熔断器两种。低压熔断器是低压电路和电动机控制电路中最简单、最常用的过载和短路保护电器。它以金属导体作熔体,串联于被保护电器或电路中,当电路或设备过载或短路时,大电流将熔体发热熔化,从而分断电路。

FU

图 5-5　熔断器的图形符号

　　熔断器的结构简单,分断能力高,使用、维修方便,体积小,价格低,在电气系统中得到广泛的使用。但熔断器大多只能一次性使用,功能简单,且更换需要一定时间,使系统恢复供电时间较长。熔断器的图形符号如图 5-5 所示。

　　常用的低压熔断器有插入式、螺旋式、无填料封闭管式、填料封闭管式等几种,如 RCL,RL1,RT0 系列,其型号的含义如下:

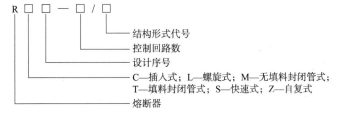

1. 常用的低压熔断器

（1）瓷插式熔断器

瓷插式熔断器主要用于 380 V 三相电路和 220 V 单相电路作短路保护，其外形及结构如图 5-6 所示。

瓷插式熔断器主要由瓷座、瓷盖、静触点、动触点、熔丝等组成，瓷座中部有一个空腔，与瓷盖的凸出部分组成灭弧室。60 A 以上的在空腔中垫有编织石棉层，加强灭弧功能。当电路短路时，大电流将熔丝熔化，分断电路而起保护作用。它具有结构简单、价格低廉、熔丝更换方便等优点，应用非常广泛。

（2）螺旋式熔断器

螺旋式熔断器用于交流 380 V、电流 200 A 以内的线路和用电设备作短路保护，其外形及结构如图 5-7 所示。

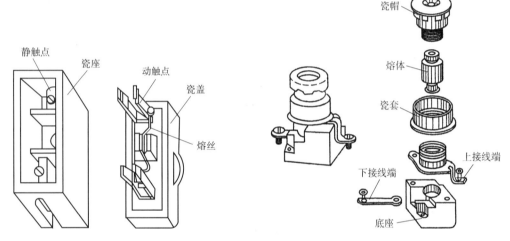

图 5-6　瓷插式熔断器　　　　　图 5-7　螺旋式熔断器

螺旋式熔断器主要由瓷帽、熔体（熔芯）、瓷套以及上、下接线桩和底座等组成。熔芯内除装有熔丝外，还填有灭弧的石英砂。熔芯上盖中心装有标有红色的熔断指示器，当熔断丝熔断时，指示器脱出。因此，从瓷盖上的玻璃窗口可检查熔芯是否完好。

螺旋式熔断器具有体积小、结构紧凑、熔断快、分断能力强、熔丝更换方便、使用安全可靠、熔丝熔断后能自动指示等优点，在机床电路中广泛应用。

（3）无填料封闭管式熔断器

无填料封闭管式熔断器用于交流 380 V、额定电流 1 000 A 以内的低压线路及成套配电设备作短路保护，其外形及结构如图 5-8 所示。

无填料封闭管式熔断器主要由熔断管、夹座组成。熔断管内装有熔体，当大电流通过时，熔体在狭窄处被熔断，钢纸管在熔体熔断所产生的电弧的高温作用下，分解出大量气体增大管内压力，起到灭弧作用。

这种熔断器具有分断能力强、保护特性好、熔体更换方便等优点，但结构复杂、材料消耗大、价格较高。一般熔体被熔断和拆换三次以后，就要更换新熔管。

（4）填料封闭管式熔断器

填料封闭管式熔断器主要由熔管、触刀、夹座、底座等部分组成，如图 5-9 所示。熔管内填满直径为 0.5 ~ 1.0 mm 的石英砂,以加强灭弧功能。

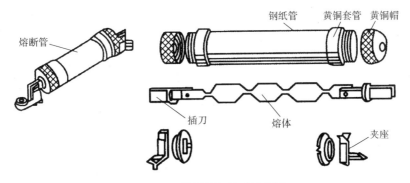

图 5-8　无填料封闭管式熔断器

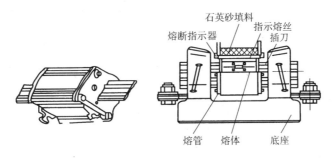

图 5-9　填料封闭管式熔断器

填料封闭管式熔断器主要用于交流 380 V、额定电流 1 000 A 以内的高短路电流的电力网络和配电装置中作为电路、电机、变压器及其他设备的短路保护电器。它具有分断能力强、保护特性好、使用安全、有熔断指示等优点,但价格较高,熔体不能单独更换。

2. 低压熔断器的使用

(1)低压熔断器的选择

选择熔断器主要应考虑熔断器的种类、额定电压、熔断器额定电流等级和熔体的额定电流。

①熔断器的额定电压 U_N 应大于或等于线路的工作电压 U_L,即 $U_N \geq U_L$。

②熔断器的额定电流 I_N 必须大于或等于所装熔体的额定电流 I_{RN},即 $I_N \geq I_{RN}$。

③熔体额定电流 I_{RN} 的选择:

✦ 当熔断器保护电阻性负载时,熔体的额定电流等于或稍大于电路的工作电流即可,即 $I_{RN} \geq I_L$。

✦ 当熔断器保护一台电动机时,熔体的额定电流可按下式计算,即

$$I_{RN} \geq (1.5 \sim 2.5)I_N$$

式中, I_N 为电动机的额定电流,轻载起动或起动时间短时,系数可取得小些;相反,若重载起动或起动时间长时,系数可取得大一些。

✦ 当熔断器保护多台电动机时,熔体的额定电流可按下式计算,即

$$I_{RN} \geq (1.5 \sim 2.5)I_{N(max)} + \sum I_N$$

式中,$I_{N(max)}$为容量最大的电动机额定电流;I_N为其余电动机额定电流之和。系数的选取方法同前面一样。

（2）安装低压熔断器时注意事项

①安装前应检查熔断器的各项参数是否符合设计要求。

②安装熔断器时必须在断电情况下操作。

③安装时熔断器必须完整无损,接触紧密可靠。

④熔断器应安装在线路各相线上,在三相四线制的中性线上严禁安装熔断器,单相二线制的中性线上应装熔断器。

3. 熔断器的常见故障及处理方法

熔断器的常见故障及处理方法如表5-5所示。

表5-5　熔断器的常见故障及处理方法

故 障 现 象	故 障 原 因	处 理 方 法
电路接通瞬间,熔体熔断	①熔体电流等级选择太小; ②负载侧短路或接地; ③熔体安装时受机械损伤	①更换熔体; ②排除负载故障; ③更换熔体
熔体未见熔断,但电路不通	熔体或接线座接触不良	重新连接

4. 使用低压熔断器的注意事项

①品牌不清的熔丝不能使用。

②不能用铜丝或铁丝代替熔丝。

③熔断器的插片接触要保持良好。如果发现插口处过热或触点变色,则说明插口处接触不良,应及时修复。

④更换熔体或熔管时,必须将电源断开,以免发生电弧烧伤。

⑤安装熔丝时,避免把它碰伤,也不要将螺钉拧得太紧,使熔丝扎伤。熔丝应顺时针方向弯过来,这样在拧紧螺钉时就会越拧越紧。熔丝只需弯一圈就可以,不要多弯。

⑥如果连接处的螺钉损坏而拧不紧,则应换新的螺钉。

⑦对于有指示器的熔断器,应经常注意检查。若发现熔体已烧断,应及时更换。

技能训练　常用开关类电器的拆装与检修

1. 训练目标

①熟悉常用开关类电器的结构,了解各组成部分的作用。

②掌握常用开关类电器的拆卸、组装方法,并能进行简单检测。

③学会用万用表、兆欧表等常用电工仪表检测开关类电器。

2. 器材与工具

开启式负荷开关、封闭式负荷开关、低压断路器,各1只;常用电工工具,1套;万用表,1块;兆欧表,1块。

3. 训练指导

①把一个开启式负荷开关拆开,观察其内部结构,将主要零部件的名称及作用记入表5-6中。然后,合上开启式负荷开关,用万用表电阻挡测量各对触点之间的接触电阻,用兆

欧表测量每两相触点之间的绝缘电阻。测量后将开关组装还原,将测量结果记入表5-6中。

表 5-6　开启式负荷开关的结构与测量记录

型　号		极　数		主要零部件	
				名　称	作　用
触点接触电阻/Ω					
L1 相		L2 相		L3 相	
相间绝缘电阻/Ω					
L1-L2 间		L1-L3 间		L2-L3 间	

②把一个封闭式负荷开关拆开,观察其内部结构,将主要零部件的名称及作用记入表5-7中。然后,合上开启式负荷开关,用万用表电阻挡测量各触点之间的接触电阻,用兆欧表测量每两相触点之间的绝缘电阻。测量后将开关组装还原,将测量结果记入表5-7中。

表 5-7　封闭式负荷开关的结构与测量记录

型　号		极　数		主要零部件	
				名　称	作　用
触点接触电阻/Ω					
L1 相		L2 相		L3 相	
相间绝缘电阻/Ω					
L1-L2 间		L1-L3 间		L2-L3 间	
熔　断　器					
型　号		规　格			

③把一个装置式低压断路器拆开,观察其内部结构,将主要零部件的名称及作用和有关参数记入表5-8中,然后将开关组装还原。

表 5-8　装置式低压断路器的结构及参数记录

名　称	作　用	有　关　参　数	
		名　称	参　数

4. 注意事项

在拆装低压电器时,要仔细,不要丢失零部件。

思考练习题

①常用低压电器怎样分类? 它们各有哪些用途?

②比较封闭式负荷开关与开启式负荷开关的异同点。怎样选用开启式和封闭式负荷开关? 开启式、封闭式负荷开关各有哪些常见故障? 如何排除?

③简述组合开关的主要结构及用途。怎样选用组合开关? 有哪些常见故障? 如何排除?

④低压断路器有哪些功能? 如何实现这些功能? 怎样选用低压断路器? 有哪些常见故障? 如何排除?

⑤如何选用低压熔断器? 使用低压熔断器时应注意哪些事项?

任务5.2 主令电器的拆装与检修

主令电器是用于自动控制系统中发出指令的操作电器,利用它控制接触器、继电器或其他电器,通过电路的接通和分断来实现对生产机械的自动控制。常用的主令电器有按钮开关、行程开关、万能转换开关、主令控制器等。

相关知识 常用主令电器

1. 按钮

(1)按钮的结构及用途

按钮又称控制按钮或按钮开关,是一种简单的手动电器。它不能直接控制主电路的通断,而通过短时接通或分断 5 A 以下的小电流控制电路,向其他电器发出指令性的电信号,控制其他电器的动作。

按钮主要由按钮帽、复位弹簧、常闭触点、常开触点、接线柱及外壳组成。其种类很多,常用的有 LA10、LA18、LA19 和 LA25 等系列。其中,LA19 系列按钮结构、外形及图形符号如图 5-10 所示。

当用手按下按钮帽时,动触点向下移动,上面的动断(常闭)触点先断开,下面的动合(常开)触点后闭合;当松开按钮帽时,在复位弹簧的作用下,动触点自动复位,使得动合触点先断开,动断触点后闭合。这种在一个按钮内分别安装有动断和动合触点的按钮称为复合按钮。

由于按钮触点结构、数量和用途的不同,它又分为起动按钮(常开按钮)、停止按钮(常闭按钮)和复合按钮(既有常开触点又有常闭触点),图 5-10 所示的 LA19 系列即为复合按钮。

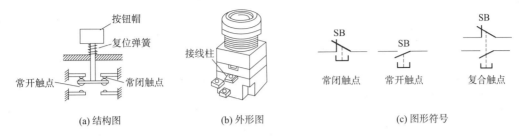

(a) 结构图　　　　　(b) 外形图　　　　　(c) 图形符号

图 5-10　LA19 系列按钮

常用按钮的型号含义如下：

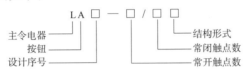

不同结构的按钮,分别用不同的字母表示:如 K 表示开启式;H 表示保护式;X 表示旋钮式;D 表示带指示灯式;DJ 表示紧急带指示灯式;J 表示紧急;S 表示防水式;F 表示防腐式;Y 表示钥匙式;若无标示则视为平钮式。

(2) 按钮颜色的含义

按钮颜色在电气控制中发挥着重要的作用。人们经常用各种按钮来操作、控制电气设备,并用不同颜色的按钮表征不同的操作功能或运行状态。颜色的误用可能会导致操作者误判而造成误操作,引发安全事故。因此,必须正确选择和使用按钮的颜色。按钮颜色的含义如表 5-9 所示。

(3) 按钮的选用

① 根据使用场合,选择按钮的种类,如开启式、保护式、防水式和防腐式等。

② 根据用途,选用合适的形式,如旋钮式、紧急带指示灯式等。

③ 按控制回路的需要,确定不同按钮数,如单钮、双钮、三钮和多钮等。

④ 按工作状态指示和工作情况要求,选择按钮和指示灯的颜色(参照国家有关标准)。

⑤ 核对按钮额定电压、电流等指标是否满足要求。

表 5-9　按钮颜色的含义

颜　色	含　义	说　明	应 用 示 例
红	紧急	危险或紧急情况时操作	急停
黄	异常	异常情况时操作	干预、制止异常情况;干预、重启中断了的自动循环
绿	安全	安全情况或为正常情况准备时操作	起动/接通
蓝	强制性的	要求强制动作情况下的操作	复位功能
白			起动/接通(优先);停止/断开
灰	未赋予特定含义	除急停以外的一般功能的起动	起动/接通;停止/断开
黑			起动/接通;停止/断开(优先)

（4）按钮的安装与使用

按钮安装在面板上时,应布置合理,排列整齐。可根据生产机械或机床起动、工作的先后顺序,从上到下或从左至右依次排列。如果它们有几种工作状态,如上、下、前、后,左、右,松、紧等,应使每一组相反状态的按钮安装在一起。在面板上固定按钮时安装应牢固,停止按钮用红色,起动按钮用绿色或黑色,按钮较多时,应在显眼且便于操作处用红色蘑菇头的总停按钮以应付紧急情况。

使用前,应检查按钮帽弹性是否正常,动作是否自如,触点接触是否良好可靠,触点及导电部分应清洁无油污。

（5）按钮的常见故障及处理方法

按钮的常见故障及处理方法如表5-10所示。

表5-10　按钮的常见故障及处理方法

故 障 现 象	故 障 原 因	处 理 方 法
触点接触不良	①触点烧损; ②触点表面有尘垢; ③触点弹簧失效	①修整触点或更换产品; ②清洁触点表面; ③重绕弹簧或更换产品
触点间短路	①塑料受热变形,导致接线螺钉相碰短路; ②杂物或油污在触点间形成通路	①更换产品,并查明发热原因; ②清洁按钮内部

2. 行程开关

（1）行程开关的结构及用途

行程开关又称限位开关或位置开关。属于主令电器的另一种类型,其作用与按钮相同,都是向继电器、接触器发出电信号指令,实现对生产机械的控制。不同的是,按钮靠手动操作,行程开关则是靠生产机械的某些运动部件与它的传动部位发生碰撞,令其内部触点动作,分断或切换电路,从而限制生产机械的行程、位置或改变其运动状态,指令生产机械停车、反转或变速等。

常用行程开关有LX19系列和JLXK1系列,其型号含义如下:

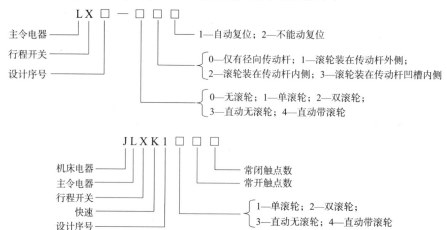

为了适应生产机械对行程开关的碰撞,行程开关与生产机械的碰撞部分有不同的结构形式,常用碰撞部分有直动式(按钮式)和滚轮式(旋转式)。其中,滚轮式又有单滚轮式和

双滚轮式两种,其外形和符号如图 5-11 所示。

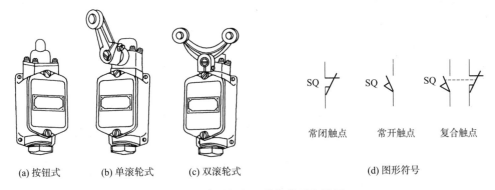

(a) 按钮式   (b) 单滚轮式   (c) 双滚轮式   (d) 图形符号

图 5-11   常用行程开关的外形和符号

各种系列的行程开关基本结构相同,区别仅在于使行程开关动作的传动装置和动作速度不同。JLXK1 系列快速行程开关的结构和动作原理如图 5-12 所示。

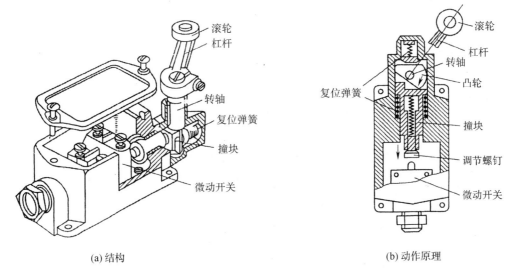

(a) 结构   (b) 动作原理

图 5-12   JLXK1 系列快速行程开关的结构和动作原理

当生产机械挡铁碰撞行程开关滚轮时,传动杠杆连同转轴一起转动,使凸轮推动撞块,当撞块被推到一定位置时,推动微动开关快速动作,接通常开触点,分断常闭触点;当滚轮上的挡铁移开后,复位弹簧使行程开关各部分恢复到动作前的位置,为下一次动作做好准备。这就是单滚轮自动恢复行程开关的动作原理。对于双滚轮行程开关,在生产机械挡铁碰撞第一只滚轮时,内部微动开关动作;当挡铁离开滚轮后不能自动复位时,必须通过挡铁碰撞第二个滚轮,才能将其复位。

(2)行程开关的选用

行程开关触点允许通过的电流较小,一般不超过 5 A。选用行程开关时,应根据被控制电路的特点、要求及使用环境和所需触点数量等因素综合考虑。

（3）行程开关的安装

安装行程时，应注意滚轮方向不能接反，与生产机械撞块碰撞位置应符合线路要求，滚轮固定恰当，有利于生产机械经过预定位置或行程时能较准确地实现行程控制。

（4）行程开关的常见故障及处理方法

行程开关的常见故障及处理方法如表 5-11 所示。

表 5-11 行程开关的常见故障及处理方法

故 障 现 象	故 障 原 因	处 理 方 法
挡铁碰撞位置开关后，触点不动作	①安装位置不准确； ②触点接触不良或接线松脱； ③触点弹簧失效	①调整安装位置； ②清刷触点或紧固接线； ③更换弹簧
杠杆已经偏转，或无外界机械力作用，但触点不复位	①复位弹簧失效； ②内部撞块卡阻； ③调节螺钉太长，顶住开关按钮	①更换弹簧； ②清扫内部杂物； ③检查调节螺钉

3. 万能转换开关

（1）万能转换开关的结构及作用

万能转换开关是一种用于控制多回路的主令电器，由多组相同结构的开关元件叠装而成。它可作为电压表、电流表的换相测量开关，也可作为小容量电动机的起动、制动、正反转换向及双速电动机的调速控制开关。由于其触点挡数多，换接线路多，且用途广泛，故称其为万能转换开关。

万能转换开关的外形及凸轮通断触点情况如图 5-13 所示。它是由很多层触点底座叠装而成的，每层触点底座内装有一对（或三对）触点和一个装在转轴上的凸轮。操作时，手柄带动转轴和凸轮一起旋转，控制触点的通断。凸轮控制的触点通断的情况如图 5-13（b）所示。由于凸轮形状不同，当手柄处于不同操作位置时，触点的分合情况也不同。

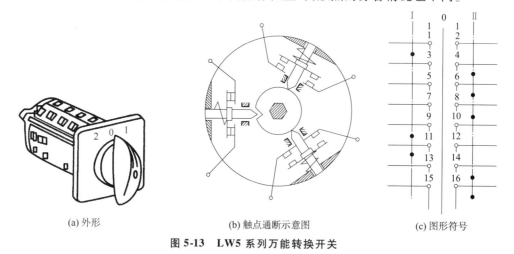

(a) 外形　　　　　　　(b) 触点通断示意图　　　　　　　(c) 图形符号

图 5-13 LW5 系列万能转换开关

万能转换开关在电气原理图中的图形符号以及各位置的触点通断表如表 5-12 所示。图 5-13（c）中每根竖的点画线表示手柄位置，点画线上的黑点"·"表示手柄在该位置时，上面这一对触点接通。

表 5-12 万能转换开关的触点通断表

触 点 标 号	I	0	II
1-2	+		
3-4			+
5-6			+
7-8			+
9-10	+		
11-12	+		
13-14			+
15-16			+

常用的万能转换开关有 LW4、LW5 和 LW6 系列。LW5 系列万能转换开关的额定电压在 380 V 时,额定电流为 12 A;额定电压在 500 V 时,额定电流为 9 A。额定操作频率为每小时 120 次,机械寿命为 100 万次。

万能转换开关的型号含义如下:

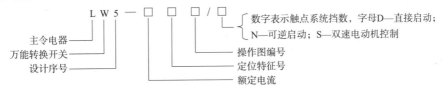

(2)万能转换开关的选用

万能转换开关可按下列要求进行选择:

①按额定电压和工作电流等选择合适的系列。

②按操作要求选择手柄形式和定位特征。

③按控制要求确定触点数量与接线图编号。

④选择面板类型及标志。

技能训练 主令电器的拆装与检修

1. 训练目标

①熟悉按钮、行程开关的结构,了解各组成部分的作用。

②掌握按钮、行程开关的拆卸、组装方法,并能进行简单检测。

③学会用万用表检测按钮、行程开关。

2. 器材与工具

按钮、行程开关,各 1 只;电工工具,1 套;万用表,1 块。

3. 训练指导

(1)按钮开关的拆装与检测

把一个按钮开关拆开,观察其内部结构,将主要零部件的名称及作用记入表 5-13 中。然后,将按钮开关组装还原,用万用表电阻挡测量各对触点之间的接触电阻,将测量结果记入表 5-13 中。

表 5-13 按钮开关的结构与测量记录

型　　号		额定电流/A	主要零部件	
			名　　称	作　　用
触点数量(副)				
常开		常闭		
触点电阻/Ω				
常开		常闭		
最大值	最小值	最大值	最小值	

注:常开触点的电阻在按钮受压时测量。

（2）行程开关的拆装与检测

把一个行程开关拆开,观察其内部结构,将主要零部件的名称及作用记入表5-14中。用万用表电阻挡测量各对触点之间的接触电阻,将测量结果记入表5-14中。然后,将行程开关组装还原。

表 5-14 行程开关的结构与测量记录

型　　号		额定电流/A	主要零部件	
			名　　称	作　　用
触点数量(副)				
常开		常闭		
触点电阻/Ω				
常开		常闭		
最大值	最小值	最大值	最小值	

注:常开触点的电阻在行程受压时测量。

注意: 在拆装按钮开关、行程开关时,要仔细,不要丢失零部件。

思考练习题

①按钮由哪几部分组成? 按钮的作用是什么? 怎样选用按钮? 按钮有哪些常见故障? 如何排除?

②行程开关主要由哪几部分组成? 它有什么作用? 怎样选用行程开关? 行程开关有哪些常见故障? 如何排除?

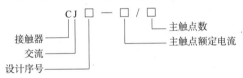

任务 5.3　交流接触器的拆装与检修

相关知识　交流接触器

5.3.1　交流接触器的结构和工作原理

接触器是一种电磁式自动开关,它通过电磁机构动作,实现远距离频繁地接通和分断电路。按其触点通过电流种类的不同,分为交流接触器和直流接触器两类。其中,直流接触器用于直流电路中,它与交流接触器相比具有噪声低、寿命长、冲击小等优点,其组成、工作原理基本与交流接触器相同。接触器的优点是动作迅速、操作方便和便于远距离控制,所以广泛地应用电动机、电热设备、小型发电机、电焊机和机床电路中。由于它只能接通和分断负荷电流,不具备短路和过载保护作用,故必须与熔断器、热继电器等保护电路配合使用。常用的交流接触器有 CJ0、CJ10、CJ12 等系列产品,其型号的含义如下:

$$CJ\ \square\ -\ \square\ /\ \square$$

接触器　　　主触点数
交流　　　主触点额定电流
设计序号

1. 交流接触器的结构

交流接触器主要由电磁系统、触点系统、灭弧装置等部分组成,其结构图、原理图及图形符号如图 5-14 所示。

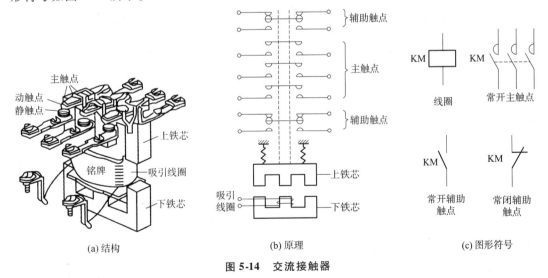

(a) 结构　　　　　　(b) 原理　　　　　　(c) 图形符号

图 5-14　交流接触器

①电磁系统。交流接触器的电磁系统由线圈、静铁芯、动铁芯(衔铁)等组成,其作用是操纵触点的闭合与分断。

交流接触器的铁芯一般用硅钢片叠压铆成,以减少交变磁场在铁芯中产生的涡流及磁滞损耗,避免铁芯过热。为了减少接触器吸合时产生的振动和噪声,在铁芯上装有一个短路铜环(又称减振环),如图 5-15 所示。

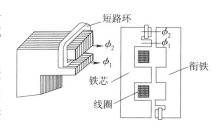

图 5-15 交流电磁铁的短路铜环

当线圈中通有交流电时,在铁芯中产生的是交变磁通,它对衔铁的吸引是按正弦规律变化的。当磁通经过零值时,铁芯对衔铁的吸力也为零,衔铁在弹簧的作用下有释放的趋势,使得衔铁不能被铁芯紧紧吸住,产生振动,发出噪声。同时这种振动使衔铁与铁芯容易磨损,造成触点接触不良。安装短路铜环后,它相当于变压器的一个二次绕组,当电磁线圈通入交流电时,线圈电流 i_1 产生磁通 ϕ_1,短路环中产生感应电流 i_2 形成磁通 ϕ_2,由于 i_1 与 i_2 的相位不同,故 ϕ_1 与 ϕ_2 的相位也不同,即 ϕ_1 与 ϕ_2 不同时为零。这样,在磁通 ϕ_1 过零时,ϕ_2 不为零而产生吸力,吸住衔铁,使衔铁始终被铁芯吸牢,振动和噪声显著减小。

②触点系统。接触器的触点按功能不同分为主触点和辅助触点两类。主触点用于接通和分断电流较大的主电路,体积较大,一般由三对常开触点组成;辅助触点用于接通和分断小电流的控制电路,体积较小,有常开和常闭两种触点。例如,CJ0-20 系列交流接触器有三对常开主触点、两对常开辅助触点和两点常闭辅助触点。为使触点导电性能良好,通常用紫铜制成。由于铜的表面容易氧化生成不良导体氧化铜,故一般都在触点的接触点部分镶上银块,使之接触电阻小,导电性能好,使用寿命长。

根据接触器触点形状的不同,可分为桥式触点和指形触点,其形状如图 5-16 所示。桥式触点分为点接触桥式和面接触桥式两种。图 5-16(a)为两个点接触的桥式触点,适用于电流不大且压力小的地方,如辅助触点;图 5-16(b)为两个面接触的桥式触点,适用于大电流的控制,如主触点;图 5-16(c)为线接触指形触点,其接触区域为一直线,在触点闭合时产生滚动接触,适用于动作频繁、电流大的地方,如用作主触点。

(a) 点接触桥式触点　　　(b) 面接触桥式触点　　　(c) 线接触指形触点

图 5-16 接触器的触点结构

为了使触点接触更紧密,减小接触电阻,消除开始接触时产生的有害振动,桥式触点或指形触点都安装有压力弹簧,随着触点的闭合加大触点间的压力。

③灭弧装置。交流接触器在分断大电流 i 或高电压电路时,其动、静触点间气体在强电场作用下产生放电,形成电弧。电弧发光、发热,灼伤触点,并使电路切断时间延长,引发事故。因此,必须采取措施,使电弧迅速熄灭。在交流接触器中,常用的灭弧方法有以下几种:

◆ 电动力灭弧:利用触点分断时本身的电动力 f 将电弧拉长,使电弧热量在拉长的过程中散发冷却而迅速熄灭,其原理如图 5-17(a)所示。

◆ 双断口灭弧:双断口灭弧方法是将整个电弧分成两段,同时利用上述电动力将电弧迅速熄灭。它适用于桥式触点,其原理如图 5-17(b)所示。

◆ 栅片灭弧:栅片灭弧装置的结构及原理如图 5-17(c)所示,主要由灭弧栅和灭弧罩组成。灭弧栅用镀铜的薄铁片制成,各栅片之间互相绝缘。灭弧罩用陶土或石棉水泥制成。当触点分断电路时,在动触点与静触点间产生电弧,电弧产生磁场。由于薄铁片的磁阻比空气小得多,因此,电弧上部的磁通容易通过灭弧栅形成闭合磁路,使得电弧上部的磁通很稀疏,而下部的磁通则很密。这种上稀下密的磁场分布对电弧产生向上运动的力,将电弧拉到灭弧栅片当中。栅片将电弧分割成若干短弧,一方面使栅片间的电弧电压低于燃弧电压,另一方面,栅片将电弧的热量散发,使电弧迅速熄灭。另外,还有纵缝灭弧和磁吹灭弧等灭弧方法。

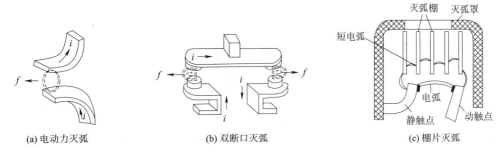

(a) 电动力灭弧　　　　(b) 双断口灭弧　　　　(c) 栅片灭弧

图 5-17　常用灭弧装置及其工作原理

④其他部件。交流接触器除上述 3 个主要部分外,还包括反作用弹簧、复位弹簧、缓冲弹簧、触点压力弹簧、传动机构、接线柱、外壳等部件。

2. 交流接触器的工作原理

当交流接触器的电磁线圈接通电源时,线圈电流产生磁场,使静铁芯产生足以克服弹簧反作用力的吸力,将动铁芯向下吸合,使常开主触点和常开辅助触点闭合,常闭辅助触点断开。主触点将主电路接通,辅助触点则接通或分断与之相连的控制电路。

当接触器线圈断电时,静铁芯吸力消失,动铁芯在反作用弹簧力的作用下复位,各触点也随之复位,将有关的主电路和控制电路分断。

5.3.2　交流接触器的选用、安装与常见故障检修

1. 交流接触器的选用

交流接触器在选用时,其工作电压不低于被控制电路的最高电压,交流接触器主触点额定电流应大于被控制电路的最大工作电流。用交流接触器控制电动机时,电动机最大电流不应超过交流接触器额定电流允许值。用于控制可逆运转或频繁起动的电动机时,交流接触器要增大一至二级使用。

交流接触器电磁线圈的额定电压应与被控制辅助电路电压一致,对于简单电路,多用 380 V 或 220 V;在线路较复杂或有低压电源的场合或工作环境有特殊要求时,也可选用 36 V、127 V 等。

接触器触点的数量、种类等应满足控制线路的要求。

2. 交流接触器的安装

（1）安装前检查

①接触器的型号、规格、技术参数应符合要求。

②各器件表面应清洁、平整，可动部分应灵活无阻滞现象，灭弧罩之间应有空隙。

③各触点接触应紧密，固定主触点的触点杆应固定可靠。

④各触点的动作应正确到位。

（2）安装要求

①交流接触器的工作环境要求清洁、干燥。

②交流接触器应垂直安装在底板上，倾斜度不超过5°，且安装固定牢靠，安装位置不得受到剧烈振动。

③连接线路时，导线排列应整齐规范。

④安装时应满足飞弧距离的要求，以免造成飞弧的相间短路或对地短路。

3. 交流接触器的常见故障及处理方法

交流接触器的常见故障及处理方法如表5-15所示。

表 5-15　交流接触器的常见故障及处理方法

故障现象	故障原因	处理方法
吸不上或吸力不足（触点闭合而铁芯未完全闭合）	①电源电压过低；②操作回路电源容量不足或断线、配线错误及控制触点接触不良；③线圈参数及使用技术条件不符；④接触器受损；⑤触点弹簧压力与超程过大	①调整电源电压至额定值；②增加电源容量，更换线路，修理控制触点；③更换线圈；④更换线圈，排除机械故障，修理受损零件；⑤按要求调整触点参数
不释放或释放缓慢	①触点弹簧压力过小；②触点熔焊；③机械可动部分被卡住，转轴生锈或歪斜；④反力弹簧损坏；⑤铁芯极面有油污或灰尘；⑥E型铁芯使用寿命结束而使铁芯不释放	①调整触点参数；②排除熔焊故障，修理或更换触点；③排除卡住现象，修理受损零件；④更换反力弹簧；⑤清理铁芯极面；⑥更换铁芯
线圈过热或烧损	①电源电压过高或过低；②线圈参数与实际使用条件不符；③交流操作频率过高；④线圈接触不良或机械损伤、绝缘损坏；⑤运动部分卡住；⑥交流铁芯极面不平或中间气隙过大；⑦使用环境条件特殊（高湿、高温等）	①调整源电压；②调换线圈或接触器；③调换合适的接触器；④更换线圈，排除机械、绝缘损伤的故障；⑤排除卡住故障；⑥清理铁芯极面或更换铁芯；⑦采用特殊设计的线圈
电磁噪声大	①电源电压过低；②触点弹簧压力过大；③磁系统歪斜或机械卡住，使铁芯不能吸平；④极面生锈或油污、灰尘等侵入铁芯极面；⑤短路环断裂；⑥铁芯极面磨损过度而不平	①调整操作回路的电压至额定值；②调整触点弹簧压力；③排除歪斜或卡住现象；④清除铁芯极面；⑤更换短路环；⑥更换铁芯

故 障 现 象	故 障 原 因	处 理 方 法
触点熔焊	①操作频率过高或过载使用； ②负载侧短路； ③触点弹簧压力过小； ④触点表面有金属颗粒突起或常常； ⑤操作电压过低或机械卡住，致使吸合过程中有停滞现象，触点停在刚接触的位置上	①调换合适的接触器； ②排除短路故障，更换触点； ③调整触点弹簧压力； ④清理触点表面； ⑤调整操作回路电压至额定值，排除机械卡住故障，使接触器吸合可靠
触点过热或灼伤	①触点弹簧压力过小； ②触点的超程太小； ③触点表面不平或有油污，有金属颗粒突起； ④工作频率过高或电流过大，触点断开容量不够； ⑤铜触点用于长期工作制； ⑥环境温度过高或使用在密闭的控制箱中	①调整触点弹簧压力； ②调整触点超程或更换触点； ③清理触点表面； ④调换容量较大的接触器； ⑤接触器降容使用； ⑥接触器降容使用
触点过度磨损	①接触器选不当，容量不足；较多密接操作，操作频率过高； ②三相触点动作不同步； ③负载侧短路	①接触器降容使用或改用适于繁重任务的接触器； ②调至同步； ③排除短路故障，更换触点
相间短路	①灰尘堆积或沾有水气、油污，使绝缘性能变坏； ②接触器零部件损坏（如灭弧室碎裂）； ③可逆转换的接触器连锁不可靠，由误操作使两台接触器同时投入运行造成相间短路；因接触器动作过快，转换时间短，在转换过程中发生电弧短路	①经常清理，保持清洁； ②更换损坏零部件； ③检查电气连锁与机械连锁；在控制线路中加中间环节或调换动作时间长的接触器，延长可逆转换时间

技能训练 **交流接触器的拆装与检修**

1. 训练目标

①熟悉交流接触器的基本结构，了解各组成部分的作用。

②掌握交流接触器的拆卸、组装方法，并能进行简单检测。

③学会用万用表检测交流接触器。

2. 器材与工具

交流接触器，1 只；常用电工组合工具，1 套；万用表，1 块。

3. 训练指导

把一个交流接触器拆开，观察其内部结构，将拆卸步骤、主要零部件的名称及作用，各对触点动作前后的电阻值、各类触点的数量、线圈的数据等记入表 5-16 中。然后，再将这个交流接触器组装还原。

表 5-16　交流接触器的拆卸与检测记录

型　号		容　量/A		拆卸步骤	主要零部件	
					名　称	作　用
触点数量(副)						
主触点	辅助触点	常开触点	常闭触点			
触点电阻/Ω						
常　开		常　闭				
动作前	动作后	动作前	动作后			
电磁线圈						
线径/mm	匝数	工作电压/V	直流电阻/Ω			

注意:在拆装交流接触器时,要仔细,不要丢失零部件。

思考练习题

①交流接触器由哪几大部分组成? 说明各部分的作用。

②简述交流接触器的工作原理。

③怎样选用交流接触器?

④安装交流接触器有什么要求?

⑤交流接触器有哪些常见故障? 如何排除?

任务5.4　继电器的拆装与检修技能训练

相关知识　继电器

继电器是根据电流、电压、时间、温度和速度等信号来接通或分断小电流电路和电器的控制元件。它一般不直接控制主电路,而是通过接触器或其他电器对主电路进行控制。常用的继电器有热继电器、过电流继电器、欠电压继电器、时间继电器、速度继电器、中间继电器等。按作用可分为保护继电器和控制继电器两类。其中热继电器、过电流继电器、欠电压继电器属于保护继电器;时间继电器、速度继电器、中间继电器属于控制继电器。

5.4.1　热继电器

热继电器的用途是对电动机和其他用电设备进行过载保护。与熔断器相比,它的动作速度

更快,保护功能更为可靠。常用的热继电器有 JR0、JR2、JR16 等系列,其型号的含义如下:

1. 热继电器的结构

热继电器的外形、结构和图形符号如图 5-18 所示。它由热元件、触点、复位按钮等部分组成。

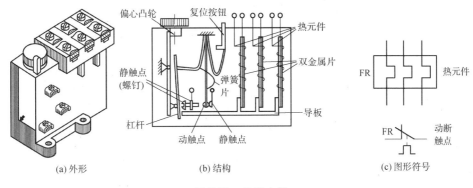

图 5-18　热继电器

热元件由双金属片及绕在双金属片外面的电阻丝组成,双金属片由两种热膨胀系数不同的金属片复合而成。使用时将电阻丝直接串联在异步电动机的电路上。

2. 热继电器的工作原理

当电路正常工作时,对应的负载电流流过热元件产生的热量不足以使双金属片产生明显的弯曲变形;当设备过载时,负载电流增大,与它串联的热元件产生的热量使双金属片产生弯曲变形,经过一段时间后,当弯曲程度达到一定幅度时,由导板推动杠杆,使热继电器的触点动作,其动断触点断开,动合触点闭合。

热继电器的整定电流,是指热继电器长期运行而不动作的最大电流。通常只要负载电流超过整定电流 1.2 倍,热继电器必须动作。整定电流的调整可通过旋转外壳上方的旋钮完成,旋钮上刻有整定电流标尺,作为调整时的依据。

3. 热继电器的选用

应根据保护对象、使用环境等条件选择相应的热继电器类型。

①对于一般轻载起动、长期工作或间断长期工作的电动机,可选择两相保护式热继电器,当电源平衡性较差、工作环境恶劣或很少有人看守时,可选择三相保护式,对于三角形接线的电动机应选择带断相保护的热继电器。

②额定电流或热元件整定电流均应大于电动机或被保护电路的额定电流。当电动机起动时间不超过 5 s 时,热元件整定电流可以与电动机的额定电流相等。若电动机频繁起动、正反转、起动时间较长或带有冲击性负载等情况下,热元件的整定电流值应为电动机额定电流的 1.1 ~ 1.5 倍。

注意:热继电器可以作过载保护但不能作短路保护;对于点动、重载起动、频繁正反转及带反接制动等运行的电动机,一般不宜采用热继电器作过载保护。

4. 热继电器的安装

①接热继电器的导线线径选用应适当,过细会造成导热性能差而提前动作,过粗则会滞后动作,并应使连接紧密可靠。

②安装前应检查热继电器是否完好,各可动作部分是否灵活,并清除触点表面污物。

③和其他电器设备安装在一起时,热继电器应安装在其他电器下方,以免受其发热的影响。整定电流装置的位置一般安装在右边,并保证在进行调整和复位时安全和方便。

5. 热继电器的常见故障及处理方法

热继电器的常见故障及处理方法如表 5-17 所示。

表 5-17 热继电器的常见故障及处理方法

故 障 现 象	故 障 原 因	处 理 方 法
热继电器误动作	①整定值偏小; ②电动机起动时间过长; ③反复短时工作,操作频率过高; ④强烈的冲击振动; ⑤连接导线太细	①合理调整整定值,如额定电流不符合要求应予更换; ②从线路上采取措施,起动过程中使热继电器短接; ③调换合适的热继电器; ④选用带防冲击装置的专用热继电器; ⑤调换合适的连接导线
热继电器不动作	①整定值偏大; ②触点接触不良; ③热元件烧断或脱落; ④运动部分卡住; ⑤导板脱出; ⑥连接导线太粗	①合理调整整定值,如额定电流不符合要求应予更换; ②清理触点表面; ③更换热元件或补焊; ④排除卡住现象,但用户不得随意调整,以免造成动作特性变化; ⑤重新放入,推动几次看其动作是否灵活; ⑥调换合适的连接导线
热元件烧断	①负载侧短路,电流过大; ②反复短时工作,操作频率过高; ③机械故障,在起动过程中热继电器不能动作	①检查电路,排除短路故障及更换热元件; ②调换合适的热继电器; ③排除机械故障及更换热元件

5.4.2 时间继电器

1. 时间继电器的种类及图形符号

时间继电器是一种利用电磁原理或机械原理来延迟触点闭合或分断的自动控制电器。它的种类很多,按其工作原理可分为电磁式、空气阻尼式、电子式、电动式;按延时方式可分为通电延时和断电延时两种。时间继电器的图形符号如图 5-19 所示。

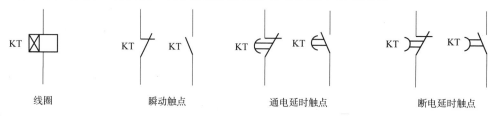

| 线圈 | 瞬动触点 | 通电延时触点 | 断电延时触点 |

图 5-19 时间继电器的图形符号

通常时间继电器上有多组触点,分为瞬动触点、延时触点。延时触点又分为通电延时触点和断电延时触点。所谓瞬动触点即是指当时间继电器的感测机构接收到外界动作信号后,该触点立即动作(与接触器一样),而通电延时触点则是指当接收输入信号(例如线圈通电)后,要经过一定时间(延时时间)后,该触点才动作。断电延时触点,则在线圈断电后要经过一定时间后,该触点才恢复。

2. 电子式时间继电器的特点及主要性能指标

电子式时间继电器具有体积小、延时范围大、精度高、寿命长以及调节方便等特点,目前在自动控制系统中的使用十分广泛。

以 JSZ3 系列电子式时间继电器为例。JSZ3 系列电子式时间继电器是采用集成电路和专业制造技术生产的新型时间继电器,具有体积小、质量小、延时范围广、抗干扰能力强、工作稳定可靠、精度高、延时范围宽、功耗低、外形美观、安装方便等特点,广泛应用于自动化控制中做延时控制之用。JSZ3 系列电子式时间继电器采用插座式结构,所有元件装在印制电路板上,用螺钉使之与插座紧固,再装上塑料罩壳组成本体部分,在罩壳顶部装有铭牌和整定电位器旋钮,并有动作指示灯。

其型号的含义如下:

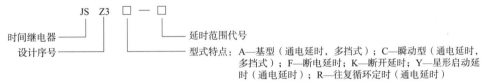

JSZ3A 型延时范围:0.5 s/5 s/30 s/3 min。

JSZ3 系列电子式时间继电器的性能指标有:电源电压,AC 50 Hz,12 V、24 V、36 V、110 V、220 V、380 V;DC 12 V、24 V 等;电寿命:$\geqslant 10 \times 10^4$ 次;机械寿命 $\geqslant 100 \times 10^4$ 次;触点容量 AC 220 V、5 A,DC 220 V、0.5 A;重复误差小于 2.5%;功率 $\leqslant 1$ W;使用环境: $-15 \sim +40$ ℃。

JSZ3 系列电子式时间继电器的接线图如图 5-20 所示。

电子式时间继电器在使用时,先预置所需延时时间,然后接通电源,此时红色发光管闪烁,表示计时开始。当达到所预置的时间时,延时触点实行转换,红色发光管停止闪烁,表示所设量的延时时间已到,从而实现定时控制。

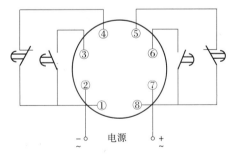

图 5 - 20　JSZ3 系列电子式时间继电器的接线图

3. 时间继电器的选用

①应根据被控制线路的实际要求选择不同延时方式及延时时间、精度的时间继电器。

②应根据被控制电路的电压等级选择电磁线圈的电压,使两者电压相符。

4. 时间继电器的常见故障及处理方法

时间继电器的常见故障及处理方法如表5-18所示。

表 5-18　时间继电器的常见故障及处理方法

故 障 现 象	故 障 原 因	处 理 方 法
开机不工作	电源线接线不正确或断线	检查接线是否正确,可靠
延时时间到继电器不转换	①继电器接线有误; ②电源电压过低; ③触点接触不良; ④继电器损坏	①检查接线; ②调高电源电压; ③检查触点接触是否良好; ④更换继电器
烧坏产品	①电源电压过高; ②接线错误	①调低电源电压; ②检查接线

5.4.3　其他继电器

1. 中间继电器

中间继电器一般用来控制各种电磁线圈使信号得到放大,或将信号同时传给几个控制元件,也可以代替接触器控制额定电流不超过 5 A 的电动机控制系统。

常用的交流中间继电器有 JZ7 系列,直流中间继电器有 JZ12 系列,交、直流两用的中间继电器有 JZ8 系列,其型号的含义如下:

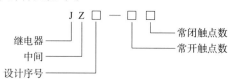

JZ7 系列中间继电器的外形结构与交流接触器类似。它主要由线圈、静铁芯、动铁芯、触点系统、反作用弹簧及复位弹簧等组成。它有 8 对触点,可组成 4 对常开、4 对常闭,或 6 对常开、2 对常闭,或 8 对常开 3 种形式。中间继电器的图形符号如图 5-21 所示。

图 5-21　中间继电器的图形符号

中间继电器的工作原理与 CJ10 – 10 等小型交流接触器基本相同,只是它的触点没有主、辅之分,每对触点允许通过的电流大小相同。它的触点容量与接触器辅助触点差不多,其额定电流一般为 5 A。

选用中间继电器,主要依据控制电路的电压等级,同时还要考虑所需触点数量、种类及容量是否满足控制线路的要求。

2. 电压继电器

电压继电器是反映电压变化的控制电器。线圈与负载并联,以反映负载电压,其线圈匝数多而导线细,阻抗大。电压继电器有过电压继电器、欠电压继电器和零电压继电器。

①过电压继电器。过电压继电器工作时线圈的电压为额定电压,继电器不动作,即衔铁不吸合。当线圈的电压高于额定电压,并达到某一整定值时,继电器动作,衔铁吸合,同时带动触点动作,常开触点闭合,常闭触点断开。即只当电压继电器线圈电压超过整定值时,继电器才动作。过电压继电器的动作电压整定范围为$(105\% \sim 120\%)U_N$(U_N为额定电压)。在电路中用于过电压保护。

②欠电压继电器。欠电压继电器在额定工作电压时,欠电压继电器的衔铁处于吸合状态,当其吸引线圈的电压降低到某一整定值时,欠电压继电器动作(衔铁释放),当吸引线圈的电压上升后,欠继电压继电器返回到衔铁吸合状态。即只有当欠电压继电器线圈的电压低于整定值时,继电器才动作。欠电压继电器的动作电压调整范围为$(30\% \sim 50\%)U_N$,释放电压调整范围为$(7\% \sim 20\%)U_N$。在电路中用于欠电压保护。

电压继电器的图形符号如图 5-22 所示。

图 5-22　电压继电器的图形符号

3. 电流继电器

电流继电器是根据输入(线圈)电流的大小而动作的继电器。电流继电器的线圈串联在被测量的电路中,以反映电路电流的变化。其触点串联在控制电路中,用于控制接触器的线圈或信号指示灯的通断。电流继电器的线圈匝数少、导线粗、阻抗小。

①过电流继电器。通常交流过电流继电器的吸合电流 $I_0 = (1.1 \sim 3.5)I_N$(I_N为额定电流),直流过电流继电器的吸合电流 $I_0 = (0.75 \sim 3)I_N$。由于过电流继电器在出现过电流时衔铁吸合动作,其触点切断电路,故过电流继电器无释放电流值。在电力系统中常用过电流继电器构成过电流和短路保护。

②欠电流继电器。欠电流继电器正常工作时,继电器线圈流过负载额定电流,衔铁吸合动作;当负载电流降低至继电器的释放电流时,衔铁释放,带动触点动作。欠电流继电器在电路中起欠电流保护作用。

直流欠电流继电器的吸合电流调节范围为 $I_0 = (0.3 \sim 0.65)I_N$,释放电流调节范围为 $I_r = (0.1 \sim 0.2)I_N$。欠电流继电器常用于直流回路的断线保护,如并励直流电动机的励磁回路断线将会造成直流电动机飞车的严重后果。在产品上只有直流欠电流继电器,没有交流欠电流继电器。

电流继电器的图形符号如图 5-23 所示。

图 5-23　电流继电器的图形符号

4. 速度继电器

速度继电器又称反接制动继电器,它的作用是与接触器配合,实现对电动机的反接制动。机床控制线路中常用的速度继电器有 JY1、JFZ0 系列。

（1）速度继电器的结构

速度继电器的结构和图形符号如图 5-24 所示,它主要由永久磁铁制成的转子、用硅钢片叠成的铸有笼形绕组的定子、支架、胶木摆杆和触点系统等组成,其中转子与被控电动机的转轴相连接。

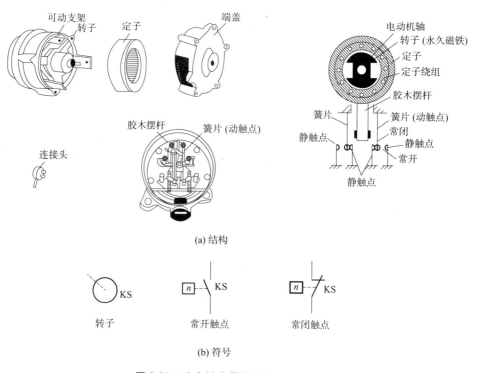

图 5-24　速度继电器的结构和图形符号

（2）速度继电器的工作原理

由于速度继电器与被控电动机同轴连接,当电动机制动时,由于惯性,它要继续旋转,从而带动速度继电器的转子一起转动。该转子的旋转磁场在速度继电器定子绕组中感应出电动势和电流,由左手定则可以确定。此时,定子受到与转子转向相同的电磁转矩的作用,使定子和转子沿着同一方向转动。定子上固定的胶木摆杆也随着转动,推动簧片（端部有动触点)与静触点闭合(按轴的转动方向而定)。静触点又起挡块作用,限制胶木摆杆继续转动。因此,转子转动时,定子只能转过一个不大的角度。当转子转速接近于零(低于100 r/min)时,胶木摆杆恢复原来状态,触点断开,切断电动机的反接制动电路。

速度继电器的动作转速一般不低于300 r/min,复位转速约在100 r/min 以下。使用时,应将速度继电器的转子与被控制电动机同轴连接,而将其触点(一般用常开触点)串联在控制电路中,通过控制接触器实现反接制动。

🔧 技能训练　热继电器与时间继电器的拆装与检修

1. 训练目标

①熟悉热继电器和时间继电器的基本结构,了解各组成部分的作用。

②掌握热继电器、时间继电器的拆卸、组装方法,并能进行简单检测。

③学会用万用表检测热继电器、时间继电器。

2. 器材与工具

热继电器,1 只;电子式时间继电器,1 只;常用电工工具,1 套;万用表,1 块。

3. 训练指导

①把一个热继电器拆开,观察其内部结构,用万用表测量各热元件的电阻值,将零部件的名称、作用及有关电阻值记入表 5-19 中,然后再将热继电器组装还原。

表 5-19　热继电器的结构与测量记录

型　号		极　数	主要零部件	
			名　称	作　用
热元件电阻/Ω				
L_1 相	L_2 相	L_3 相		
整定电流调整值/A				

②观察电子式时间继电器的结构,用万用表测量线圈的电阻值,将主要零部件的名称、作用、触点数量及种类记入表 5-20 中。

表 5-20　电子式时间继电器的结构与测量记录

型　号	线圈电阻/Ω	主要零部件	
		名　称	作　用
常开触点数(副)	常闭触点数(副)		
延时触点数(副)	瞬时触点数(副)		
延时断开触点数(副)	延时闭合触点数(副)		

思考练习题

①简述热继电器的主要结构和工作原理。为什么热继电器不能进行短路保护？怎样选用热继电器？热继电器有哪些常见故障？如何排除？

②电子式时间继电器有什么特点？怎样选用电子式时间继电器？电子式时间继电器有哪些常见故障？如何排除？

③中间继电器在电路中主要起什么作用？

④简述过电压和欠电压继电器的工作原理、用途。

⑤简述过电流和欠电流继电器的工作原理、用途。

⑥速度继电器主要由哪几部分组成？简述其工作原理。它在什么情况下使用？

项目 6

继电器-接触器电气控制电路的安装与检修技能训练

📖 项目内容

- ✦ 继电器-接触器控制电路的种类、特点、绘制与识读方法。
- ✦ 三相异步电动机继电器-接触器基本控制电路的安装步骤及要求。
- ✦ 三相异步电动机继电器-接触器基本控制电路的安装与检修。
- ✦ C650 型车床的认识和电气控制电路分析。

💻 项目目标

- ✦ 能正确地绘制和熟练地识读继电器-接触器控制电路图。
- ✦ 掌握三相异步电动机继电器-接触器控制电路的安装步骤及要求。
- ✦ 理解三相异步电动机继电器-接触器基本控制电路的工作原理。
- ✦ 掌握三相异步电动机继电器-接触器基本控制电路的装配及故障检修的方法。
- ✦ 了解普通车床的结构、运动形式和用途及机械装置、电气系统、液压部分之间的配合关系。
- ✦ 能够灵活运用电气控制的基本环节进行普通车床电气控制系统的分析,并能够进行电气控制系统的安装、调试。
- ✦ 能正确地使用仪器仪表,较熟练地排除普通车床的常见故障。

任务 6.1 三相异步电动机单向起动控制电路的安装与检修技能训练

📖 相关知识 三相异步电动机单向起动控制电路

由按钮、继电器、接触器等低压电器组成的电气控制电路,具有线路简单、价格低廉、易于掌握、维修方便等许多优点,在各种生产机械的电气控制领域中,一直有着广泛的应用。正确地绘制和熟练地识读电气控制电路图、掌握电动机继电器-接触器控制电路的安装方法,是电气工程人员应具备的基本能力。

6.1.1 继电器-接触器控制电路的基础知识

1. 电气控制电路图的种类和特点

对生产机械的控制可以采用机械、电气、液压和气动等方式来实现。现代化生产机械大多都以三相异步电动机作为动力,采用继电器-接触器组成的电气控制系统进行控制。电气控制电路主要根据生产工艺要求,以电动机或其他执行器为控制对象。

继电器-接触器控制系统是由继电器、接触器、电动机及其他电器元件,按一定的要求和方式连接起来,实现电气自动控制的系统。

电气控制系统图(简称电气控制电路图)是用各种电气符号、图线来表示电气系统中各种电气装置、电气设备和电器元件之间的相互关系,阐述电路图的工作原理,描述电气产品的构成和功能,指导各种电气设备电气控制电路的安装接线、运行、维护和管理的工程语言。

电气控制电路图一般可分为:电气系统图和框图、电气原理图、电器元件布置图、电气安装接线图、功能图、电器元件明细表等。电气控制电路图的种类较多,常见电路的种类、特点和用途如表6-1所示。

2. 电气原理图的绘制

电气原理图是根据电气控制电路的工作原理绘制的,具有结构简单、层次分明、便于研究和分析线路工作原理的特征。在电气原理图中只包括电器元件的导电部件和接线端之间的相互关系,并不按照电器元件的实际位置来绘制,也不反应电器元件的大小。其作用是便于详细了解控制系统的工作原理,指导系统或设备的安装、调试与维修;适用于分析研究电路的工作原理,是绘制其他电气控制图的依据。所以,在设计部门和生产现场获得广泛应用。电气原理图是电气控制系统图中最重要的图形之一,也是识图的难点和重点。

表 6-1　电气控制电路图的种类、特点和用途

电气控制电路图的种类	各类电气控制电路图的特点和用途
系统图或框图	指表示系统、装置、部件、设备和软件中各项目之间主要关系和连接的简图,通常用单线表示法绘制而成。 主要用于表明系统的规模、整体方案、组成情况及主要特性等
电气原理图	根据国家和有关部门制定的标准,采用国家统一的电气图形符号和文字符号,按照电气设备和电器的工作顺序,详细表示电路、设备或成套装置的全部基本组成和连接关系,而不考虑电气设备或电器元件实际位置的一种简图。 电气原理图能充分地表达电气设备和电器元件的用途、作用和工作原理,是电气控制电路安装、调试和维修的理论依据
元器件布置图	根据电器元件在控制板上的实际位置,采用简化的外形符号(如正方形、矩形、圆形等)而绘制的一种简图。它不表示各电器元件的具体结构、作用、接线情况及工作原理。 主要用于电器元件的布置和安装。图中各电器元件的文字符号必须与电气原理图和接线图的标注一致

电气控制电路图的种类	各类电气控制电路图的特点和用途
接线图	根据电气设备和电器元件的实际位置和安装情况绘制,只用来表示电气设备和电器元件的位置、配线方式和接线方式,而不明显表示电气动作原理。 主要用于安装接线、线路的检查维修和故障处理。 接线图有时又包含布置图
电器元件明细表	将成套装置、设备中的元器件(包括电动机)的名称、型号、规格、数量列成表格。 主要用于准备材料及维修

电气原理图的绘制原则:

在绘制电气控制电路图时,一般采用的线条有实线、虚线、点画线和双点画线。线宽的规格有 0.18 mm、0.25 mm、0.35 mm、0.5 mm、0.7 mm、1.0 mm、1.4 mm、2.0 mm。在绘制图线时,图线采用两种宽度,粗对细之比应不小于 2:1,平行线之间的最小距离不小于粗线宽度的 2 倍,建议不小于 0.7 mm。以图 6-1 所示的电气原理图为例介绍电气原理图的绘制原则、方法以及注意事项。

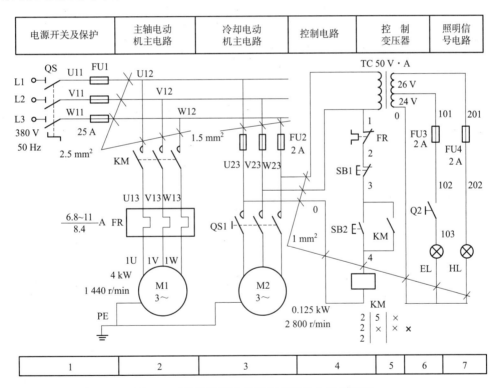

图 6-1　CW6132 型车床控制系统的电气原理图

①电气原理图一般分电源电路、主电路、控制电路和辅助电路四部分绘制。

◆ 电源电路画成水平线,三相交流电源相序 L1、L2、L3 自上而下依次画出,中性线 N (需要时才画出)和保护地线 PE 依次画在相线之下。直流电源的"+"端画在上边,"−"端下边画出,电源开关要水平画出。

◆ 主电路是指受电的动力装置及控制、保护电器的支路等,它是由主熔断器、接触器的主触点、热继电器的热元件以及电动机组成的。主电路通过的电流是电动机的工作电流,电流较大,主电路图要画在电路图的左侧并垂直电源电路。

◆ 控制电路是控制主电路工作状态的电路,辅助电路包括显示主电路工作状态的指示电路和提供机床设备局部照明的照明电路等。它们都是由主令电器的触点、接触器的线圈及辅助触点、继电器的线圈及触点、指示灯和照明灯等组成。辅助电路通过的电流都较小,一般不超过 5 A。画控制电路和辅助电路图时,控制电路和辅助电路要跨接在两相电源线之间,一般按照控制电路、指示电路和照明电路的顺序依次垂直画在主电路的右侧,且电路中与下边电源线相连的耗能元件(如接触器、继电器的线圈、指示灯、照明灯等)要画在电路图的下方,而电器的触点要画在耗能元件与上边电源线之间。为读图方便,一般应按照自左至右、自上而下的排列来表示操作顺序。

②电气原理图中,各电器的触点位置都按电路未通电或电器未受外力作用时的常态位置画出。分析原理图时,应从触点的常态位置出发。

③电气原理图中,不画各电器元件实际的外形图,而采用国家标准规定的电气控制电路图形符号画出。使触点动作的外力方向必须是:当图形垂直放置时从左到右,即垂线左侧的触点为动合触点,垂线右侧的触点为动断触点;当图形水平放置时为从下到上,即水平线下方的触点为动合触点,水平线上方的触点为动断触点。

④电气原理图中,同一电器的各元件不按它们的实际位置画在一起,而是按其在线路中所起的作用分画在不同电路中,但它们的动作却是相互关联的,因此,必须标明相同的文字符号。若图中相同的电器较多时,需要在电器文字符号的后面加注不同的数字,以示区别,如 KM1、KM2 等。

⑤电器元件应按功能布置,并尽可能地按工作顺序,其布局应该是从上到下,从左到右。电路垂直布置时,类似项目应横向对齐;水平布置时,类似项目应纵向对齐。例如,电气原理图的线圈属于类似项目,由于线路采用垂直布置,所以接触器的线圈应横向对齐。

⑥画电气原理图时,应尽可能减小线条和避免线条交叉。对于需要测试和拆接的外部引线的端子,采用"空心圆"表示;有直接联系的导线连接点,用"实心圆"表示;无直接联系的导线交叉点不画黑圆点。

⑦电路图采用电路编号法,即对电路中的各个接点用字母或数字编号。

◆ 主电路在电源开关的出线端按相序依次编号为 U11、V11、W11,然后按从上至下、从左至右的顺序,每经过一个电器元件后,编号要递增,如 U12、V12、W12;U13、V13、W13……单台三相交流电动机的三根引出线按相序依次编号为:U、V、W,对于多台电动机引出线的编号,为了不致引起误解和混淆,可在字母前用不同的数字加以区别,如 1U、1V、1W;2U、2V、2W……

◆ 控制电路和辅助电路编号按"等电位"原则从上至下、从左至右的顺序用数字依次编号,每经过一个电器元件后,编号要依次递增。控制电路编号的起始数字必须是1,其他辅助电路编号的起始数字依次递增100,如照明电路编号从101开始;指示电路编号从201开始等。

⑧图幅分区和符号位置的索引。

◆ 图幅分区:为了便于确定图上的内容,也为了在用图时查找图中各项目的位置,往往需要将图幅分区。图幅分区的方法是:在图的边框处,竖边方向用大写英文字母,横边方向用阿拉伯数字,编号顺序应从左上角开始,应按照图的复杂程度选分区的个数。建议组成分区的长方形的任何边长不小于 25 mm、不大于 75 mm。图区编号一般在图的下面;每个电路的功能,一般在图的顶部标明。图幅分区以后,相当于在图上建立了一个坐标系。项目和连接线的位置可用如下方式表示:用行的代号(英文字母)表示;用列的代号(阿拉伯数字)表示;用区的代号表示(区的代号为字母和数字的组合,且字母在左、数字在右)。

◆ 符号位置的索引:符号位置采用图号、页号和图区编号的组合索引法,索引代号按"图号/页号·图区号(行号、列号)"的格式标注。当某图号仅有一页图样时,只写图号和图区的行、列号;只有一个图号时,则图号可省略。而元件的相关触点只出现在一张图样时,只标出图区号。例如,图 6-1 中的索引代号用图区号表示。

在电气原理图中,接触器和继电器线圈与触点的从属关系应用附图表示。即在电气原理图相应线圈的下方,给出触点的文字符号,并在其下面注明相应触点的索引代号,对未使用的触点用"×"表明(或不作表明),有时也可采用省去触点图形符号的表示法。

对接触器,附图中各栏表示的含义如下:

KM		
左 栏	中 栏	右 栏
主触点所在图区号	辅助常开触点所在图区号	辅助常闭触点所在图区号

KM		
4	6	×
4	×	×
5		

对继电器,附图中各栏表示的含义如下:

KA、KT	
左 栏	右 栏
常开触点所在图区号	常闭触点所在图区号

KA	
9	×
13	8
×	×
×	×

⑨电气原理图中技术数据的标注。电器元件的技术数据,除在电器元件明细表中标明外,也可用小号字体标注在电器代号下面。例如,图 6-1 中,FU1 的额定电流标注为 25 A。

3. 电气原理图的识读

一般设备的电气原理图可分为主电路(或主回路)、控制电路和辅助电路。

在读电气原理图之前,先要了解被控对象对电力拖动的要求;了解被控对象有哪些运动部件以及这些部件是怎样动作的,各种运动之间是否有相互制约的关系;熟悉电路图的制图规则及电器元件的图形符号。

识读电气原理图时先从主电路入手,掌握电路中电器的动作规律,根据主电路的动作要求再看与此相关的电路。识读电气原理的一般步骤如下:

①看本设备所用的电源。一般设备多用三相电源(380 V、50 Hz),也有用直流电源的设备。

②分析主电路有几台电动机,分清它们的用途、类别(笼形、绕线转子式异步电动机、直流电动机或同步电动机)。

③分清各台电动机的动作要求,如起动方式、转动方式、调速及制动方式,各台电动机之间是否有相互制约的关系。

④了解主电路中所用的控制电器及保护电器。前者是指除常规接触之外的控制元件,如电源开关(转换开关及断路器)、万能转换开关。后者是指短路及过载保护器件,如空气断路器中的电磁脱扣器及热过载脱扣器的规格,熔断器及过电流继电器等器件的用途及规格。

一般在了解了主电路的上述内容后就可阅读和分析控制电路、辅助电路。由于存在着各种不同类型的生产机械,它们对电力拖动也就提出了各式各样的要求,表现在电路图上有各种不同的控制电路及辅助电路。

⑤识读控制电路时,首先分析控制电路的电源电压。一般生产机械,如仅有一台或较少电动机拖动的设备,其控制电路较简单。为减少电源种类,控制电路的电压也常采用380 V,可直接由主电路引入。对于采用多台电动机拖动且控制要求又比较复杂的生产设备,控制电压采用110 V或220 V,此时的交流控制电压应由隔离变压器供给。然后,了解控制电路中所采用的各种继电器、接触器的用途,如采用了一些特殊结构的控制电器时,还应了解它们的动作原理。只有这样,才能理解它们在电路中如何动作和具有何种用途。

控制电路总是按动作顺序画在两条垂直或水平的直线之间。因此,也就可从左到右或从上而下地进行分析。对于较复杂的控制电路,还可将其分成几个功能模块来分析,如起动部分、制动部分、循环部分等。对控制电路的分析就必须随时结合主电路的动作要求来进行;只有全面了解主电路对控制电路的要求后,才能真正掌握控制电路的动作原理。不可孤立地看待各部分的动作原理,而应注意各个动作之间是否有相互制约的关系,如电动机正反转之间设有机械或电气互锁等。

⑥辅助电路一般比较简单,通常它包含照明和信号部分。信号灯是指示生产机械动作状态的,工作过程中可使操作者随时观察,掌握各运动部件的状况,判别工作是否正常。通常以绿色或白色灯指示正常工作,以红色灯指示出现故障。

4. 绘制、识读电气安装接线图时应遵循的原则

①电气安装接线图中一般示出如下内容:电气设备和电器元件的相对位置、文字符号、端子号、导线号、导线类型、导线截面积、屏蔽和导线绞合等。

②所有的电气设备和电器元件都按其所在的实际位置绘制在图样上,且同一电器的各元件根据其实际结构,使用与电气原理图相同的图形符号画在一起,并用点画线框上,其文字符号及接线端子的编号应与电气原理图中的标注一致,以便对照检查接线。

③接线图中的导线有单根导线、导线组(或线扎)、电缆等之分,可用连接线和中断线来表示。凡导线走向相同的可以合并,由线束来表示,到达接线端子板或电器元件的连接点时再分别画出。在用线束来表示导线组、电缆等时可用加粗的线条表示,在不引起误解的情况下也可采用部分加粗。另外,导线的型号、根数和规格应标注清楚。图6-2所示为三相异步电动机的点动控制电路的安装接线图。

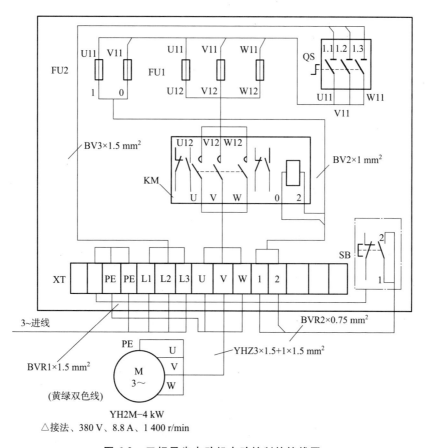

图 6-2　三相异步电动机点动控制的接线图

5．继电器-接触器控制电路安装的步骤

（1）按元件明细表配齐电器元件，并进行检验

按照图纸清理出元器件清单，按所需型号、规格配齐元器件，并进行检查，不合格的必须更换。所有电气控制器件，至少应具有制造厂的名称或商标或索引号、工作电压性质和数值等标志。若工作电压标志在操作线圈上，则应使装在器件线圈的标志显而易见。

（2）布局、安装元器件

按照图纸元器件的编号顺序，将所用元器件安装在控制板上或控制箱内适当位置，在明显的地方贴上编号。

（3）选择导线

①选择导线的类型。硬线只能用在固定安装的不动部件之间，且导线的截面积应不小于 0.5 mm²，在其余场合则应采用软线。

②导线绝缘强度的确定。导线必须绝缘良好，并具有抗化学腐蚀的能力。

③导线截面积的选择。在必须能承受正常条件下流过的最大电流的同时，还应考虑到线路中允许的电压降、导线的机械强度，以及要与熔芯相配合。

（4）布线

①敷线。所有导线从一个端子到另一个端子的走线必须是连续的，中间不得有接点；

对明露导线必须做到平直、整齐、直线合理等要求。

②接线。所有导线的连接必须牢固、不得松动。导线与端子的接线,一般是一个端子只连接一根导线。有些端不适合连接软导线时,可在导线端头上采用针形、叉形等冷压接线头。

(5)导线的标记

①导线的颜色标记。保护线(PE)必须采用黄绿双色,动力电路的中线性(N)和中间线(M)必须是浅蓝色,交流或直流动力电路应采用黑色,交流控制电路采用红色,直流控制电路采用蓝色,与保护导线连接的电路采用白色。

②导线的线号标记。导线线号的标记应与原理图和接线图相符。在每一根连接导线的线头上必须套上标有线号的套管,位置应在接近端子处。线号的编制方法应符合国家有关标准。

(6)通电前检查

通电前检查的项目:各个元器件的代号、标志是否与原理图上的一致,是否齐全;各个安全保护措施是否可靠;控制电路是否满足原理图所要求的功能;各个电器元件安装是否正确和牢靠;各个接线端子是否连接牢固;布线是否符合要求、整齐;各个按钮、信号灯罩、光标按钮和各种电路绝缘导线的颜色是否符合要求;保护电路导线连接是否正确、牢固可靠;电气绝缘电阻是否符合要求等。

(5)通电试验

通电前应检查所接电源是否符合要求。通电后应先点动,验证电气设备的各个部分的工作是否正确、操作顺序是否正常。然后,在正常负载下连续运行,验证电气设备所有部分运行的正确性。同时,要验证全部器件的温升不得超过规定的允许温升。

6. 继电器-接触器控制电路故障检修

电动机控制电路的故障一般可分为自然故障和人为故障两类。自然故障是由于电气设备运行过载、振动或金属屑、油污侵入等原因引起。造成电气绝缘下降、触点熔焊和接触不良,散热条件恶化,甚至发生接地或短路。人为故障是由于在维修电气故障时没有找到真正的原因,基本概念不清,或操作不当,不合理地更换元件或改动线路,或者在安装线路时布线错误等原因引起的。

电气控制电路的形式很复杂,它的故障常常和机械系统交错在一起,难以分辨。这就要求首先要弄懂原理,并掌握正确的检修方法。每个电气控制电路,往往由若干个电气基本单元组成,每个基本单元控制环节由若干电器元件组成,而每个电器元件又由若干零件组成。但故障往往只是由于某个或某几个电器元件、部件或接线有问题而产生。因此,只要善于学习,善于总结经验,找出规律,掌握正确的检修方法,就一定能迅速准确地排除故障。

(1)继电器-接触器控制电路故障检修步骤

①找出故障现象。

②根据故障现象、原理图找出故障发生的部位或回路,并尽可能地缩小故障范围,在故障部位或回路找出故障点。

③根据故障点的不同情况,采用正确的检修方法排除故障。

④通电空载校验或局部空载校验。

⑤正常运行。

（2）继电器-接触器控制电路故障的检查和分析方法

常用的电气控制电路的故障检查和分析方法：调查研究法、试验法、逻辑分析法和测量法等几种。在一般情况下，调查研究法能帮助找出故障现象；试验法不仅能找出故障现象，而且还能找出故障部位或故障回路；逻辑分析法是缩小故障范围的有效方法；测量法是找出故障点的基本、可靠和有效的方法。

①调查研究法。当生产机械发生电气故障后，切忌盲目随便动手检修。在检修前，通过问、看、听、摸来了解故障前后的操作情况和故障发生后出现的异常现象，以便根据故障现象判断出故障发生的部位，进而准确地排除故障。

问：询问操作者故障前后电路和设备的运行状况及故障发生前后的症状，如故障是经常发生还是偶尔发生；是否有响声、冒烟、火花、异常振动等征兆；故障发生前有无切削力过大和频繁地起动、停止、制动等情况；有无经过保养检修或改动线路等。

看：查看故障发生前是否有明显的外观征兆，如各种信号；有指示装置的熔断器的情况；保护电器脱扣动作；接线脱落；触点烧蚀或熔焊；线圈过热烧毁等。

听：在线路还能运行和不扩大故障范围、不损坏设备的前提下，可通电试车，细听电动机、接触器和继电器等电器的声音是否正常。

摸：在刚切断电源后，尽快触摸检查电动机、变压器、电磁线圈及熔断器等，看是否有过热现象。

②试验法。在不损伤电气、机械设备的条件下，可进行通电试验。一般可先试验各控制环节的动作程序，若发现某一电器动作不符合要求，即说明故障范围在与此电器有关的电路中。然后，在这一部分故障电路中进一步检查，便可找出故障点。

③逻辑分析法。逻辑分析法是根据电气控制电路工作原理，控制环节的动作程序，以及它们之间的联系，结合故障现象做具体的分析，迅速地缩小检查范围，然后判断故障所在。逻辑分析是一种以准为前提、以快为目的的检查方法。它更适用于对复杂线路的故障检查。在使用时，应根据原理图，对故障现象做具体分析，在划出可疑范围后，再借鉴试验法，对与故障回路有关的其他控制环节进行控制，就可排除公共支路部分的故障，使看似复杂的问题变得条件清晰，从而提高检修的针对性，可以收到准而快的效果。

④测量法。测量法是维修电工工作中用来准确确定故障点的一种行之有效的检查方法。常用的测试工具和仪表有校验灯、测电笔、万用表、钳形电流表、兆欧表等，主要通过对电路进行带电或断电时的有关参数如电压、电阻、电流等的测量，来判断电器元件的好坏、设备的绝缘情况以及线路的通断情况。随着科学技术的发展，测量手段也在不断更新。

在用测量法检查故障点时，一定要保证各种测量工具和仪表完好、使用方法正确，还要注意防止感应电、回路电及其他并联支路的影响，以免产生误判断。下面介绍几种常见的用测量法确定故障点的方法。

a. 电压分阶测量法。测量检查时，首先把万用表的转换开关置于交流电压 500 V 的挡位上，然后，按图6-3所示方法进行测量。断开主电路，接通控制电路的电源。若按下起动按钮 SB1 时，接触器 KM 不吸合，则说明控制电路有故障。

检测时,需要两人配合进行。一人先用万用表测量 0 和 1 两点之间的电压,若电压为 380 V,则说明控制电路的电源电压正常。然后由另一人按下 SB1 不放,一人把黑表笔接到 0 点上,红表笔依次接到 2、3、4 各点上,分别测量出 0-2、0-3、0-4 两点间的电压。根据其测量结果即可找出故障点,如表 6-2 所示。

表 6-2　电压分阶测量法查找故障点

故障现象	测量状态	0-2	0-3	0-4	故障点
按下 SB1,KM 不吸合	按下 SB1 不放	0	0	0	FR 的常闭触点接触不良
		380 V	0	0	SB2 的常闭触点接触不良
		380 V	380 V	0	SB1 的接触不良
		380 V	380 V	380 V	KM 的线圈断路

这种测量方法像下(或上)台阶一样依次测量电压,所以称为电压分阶测量法。

　　b. 电阻分阶测量法。测量检查时,首先把万用表的转换开关置于倍率适当的电阻挡,然后按图 6-4 所示方法进行测量。断开主电路,接通控制电路电源。若按下起动按钮 SB1 时,接触器 KM 不吸合,则说明控制电路有故障。

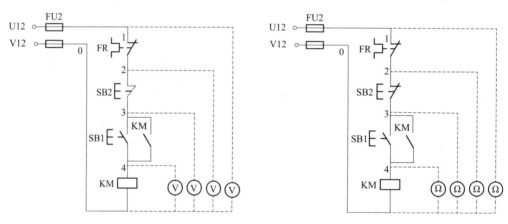

图 6-3　电压分阶测量法　　　　　　　图 6-4　电阻分阶测量法

　　检测时,首先切断控制电路电源(这点与电压分阶测量法不同),然后一人按下 SB1 不放,另一人用万用表依次测量 0-1、0-2、0-3、0-4 两点之间的电阻值,根据测量结果可找出故障点,如表 6-3 所示。

表 6-3　电阻分阶测量法查找故障点

故障现象	测量状态	0-1	0-2	0-3	0-4	故障点
按下 SB1,KM 不吸合	按下 SB1 不放	∞	R	R	R	FR 的常闭触点接触不良
		∞	∞	R	R	SB2 的接触不良
		∞	∞	∞	R	SB1 的接触不良
		∞	∞	∞	∞	KM 的线圈断路

注:R 为 KM 线圈电阻值。

c. 电压分段测量法。首先把万用表的转换开关置于交流电压 500 V 的挡位上,然后按如下方法进行测量。先用万用表测量图 6-5 所示 0-1 两点间的电压,若为 380 V,则说明电源电压正常。然后一人按下起动按钮 SB2,若接触器 KM1 不吸合,则说明电路有故障。这时另一人可用万用表的红、黑两根表笔逐段测量相邻两点 1-2、2-3、3-4、4-5、5-6、6-0 之间的电压,根据其测量结果即可找出故障点,如表 6-4 所示。

表 6-4　电压分段测量法查找故障点

故 障 现 象	测 量 状 态	1-2	2-3	3-4	4-5	5-6	6-0	故 障 点
按下 SB1, KM1 不吸合	按下 SB1 不放	380 V	0	0	0	0	0	FR 的常闭触点接触不良
		0	380 V	0	0	0	0	SB1 的触点接触不良
		0	0	380 V	0	0	0	SB2 的触点接触不良
		0	0	0	380 V	0	0	KM2 的常闭触点接触不良
		0	0	0	0	380 V	0	SQ 常闭触点接触不良
		0	0	0	0	0	380 V	KM1 的线圈断路

d. 电阻分段测量法。测量检查时,首先切断电源,然后把万用表的转换开关置于倍率适当的电阻挡,并逐段测量如图 6-6 所示相邻号点 1-2、2-3、3-4(测量时由一人按下 SB2)、4-5、5-6、6-0 之间的电阻。如果测得某两点间电阻值很大(∞),即说明该两点间接触不良或导线断路,如表 6-5 所示。

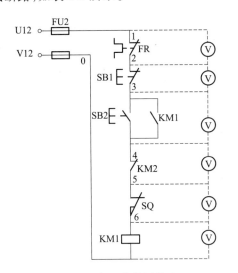

图 6-5　电压分段测量法

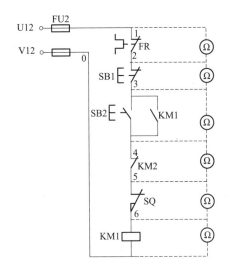

图 6-6　电阻分段测量法

表 6-5　电阻分段测量法查找故障点

故 障 现 象	测 量 点	电 阻 值	故 障 点
按下 SB1,KM1 不吸合	1-2	∞	FR 的常闭触点接触不良或误动作
	2-3	∞	SB1 的常闭触点接触不良
	3-4	∞	SB2 的常开触点接触不良
	4-5	∞	KM2 的常闭触点接触不良

故 障 现 象	测 量 点	电 阻 值	故 障 点
按下 SB1,KM1 不吸合	5-6	∞	SQ 的常闭触点接触不良
	6-0	∞	KM1 的线圈断路

电阻分段测量法的优点是安全,缺点是测量电阻值不准确时,易造成判断错误,为此应注意以下几点:

✦ 用电阻分段测量法检查故障时,一定要先切断电源。

✦ 所测量电路若与其他电路并联,必须将该电路与其他电路断开,否则所测电阻值不准确。

✦ 测量高电阻电器元件时,要将万用表的电阻挡转换到适当挡位。

⑤短接法。机床电气设备的常见故障为断路故障,如导线断路、虚连、虚焊、触点接触不良、熔断器熔断等。对这类故障有一种更为简便可靠的方法,就是短接法。检查时,用一根绝缘良好的导线,将所怀疑的断路部位短接,若短接到某处电路接通,则说明该处断路。短接法分为局部短接法和长短接法。

✦ 局部短接法。检查前,先用万用表测量如图 6-7 所示的 1-0 两点间的电压,若电压正常,可一人按下起动按钮 SB2 不放,然后另一人用一根绝缘良好的导线,分别短接标号相邻的两点 1-2、2-3、3-4、4-5、5-6(注意不要短接 6-0 两点,否则造成短路故障),当短接到某两点时,接触器 KM1 吸合,即说明断路故障就在该两点之间,如表 6-6 所示。

表 6-6　局部短接法查找故障点

故 障 现 象	短接点标号	KM1 动作	故 障 点
按下 SB1,KM1 不吸合	1-2	KM1 吸合	FR 常闭触点接触不良或误动作
	2-3	KM1 吸合	SB1 的常闭触点接触不良
	3-4	KM1 吸合	SB2 的常开触点接触不良
	4-5	KM1 吸合	KM2 的常闭触点接触不良
	5-6	KM1 吸合	SQ 的常闭触点接触不良

✦ 长短接法。长短接法是指一次短接两个或多个触点来检查故障的方法。如图 6-8 所示,当 FR 的常闭触点和 SB1 的常闭触点同时接触不良时,若用局部短接法短接,如 1-2 两点,按下 SB2,KM1 仍不能吸合,则可能造成判断错误。而用长短接法将 1-6 两点短接,如果 KM1 吸合,则说明 1-6 这段电路上有断路故障,然后再用局部短接法逐段找出故障点。

长短接法的另一个作用是可把故障点缩小到一个较小的范围。例如,第一次先短接 3-6 两点,KM1 不吸合,再短接 1-3 两点,KM1 吸合,说明故障在 1-3 范围内。可见,若长短接法和局部短接法结合使用,则可很快找出故障点。

用短接法检查故障时必须注意以下几点:第一,用短接法检测时,是用手拿绝缘导线带电操作的,所以一定要注意安全,避免触电事故。第二,短接法只适用于查找压降极小的导线及触点之类的断路故障。对于压降较大的电器,如电阻、线圈、绕组等断路故障,不能采用短接法,否则会出现短路故障。第三,对于工业机械的某些要害部位,必须保证电气设备或机械部件不会出现事故的情况下,才能使用短接法。

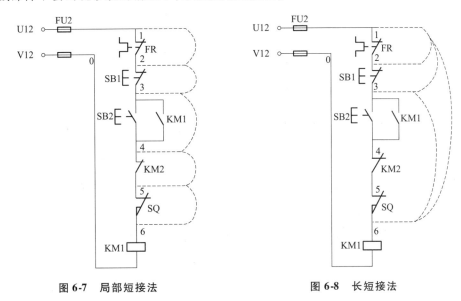

图 6-7　局部短接法　　　　　　　　　图 6-8　长短接法

总之,电动机控制电路的故障不是千篇一律的,即使是同一种故障现象,发生的部位也不一定相同。所以在采用故障检修的一般步骤和方法时,不要生搬硬套,而应按不同的故障情况灵活处理,力求迅速准确地找出故障点,判明故障原因,及时正确排除故障。

6.1.2　三相异步电动机直接起动控制电路

对于功率较小的三相异步电动机可以采用直接起动,也称全压起动,即将额定电压直接加到电动机的定子绕组使电动机起动。

1.点动控制电路

生产机械不仅需要连续运转,有的生产机械还需要点动运行,还有的生产机械要求用点动运行来完成调整工作。

所谓点动控制就是按下按钮时电动机通电运转,松开按钮时电动机断电停止的控制方式。

图 6-9 所示为电动机点动控制的电气原理图和元器件布置图,主电路由电源开关 QS、熔断器 FU、交流接触器 KM 主触点及电动机组成,控制电路由按钮 SB 和接触器 KM 线圈组成,元器件布置图中的 XT 为端子。其接线图参见图 6-2。

电动机点动控制电路的工作原理:合电源开关 QS,接通三相电源,按下点动按钮 SB,接触器 KM 线圈通电,接触器衔铁被吸合,使 KM 常开主触点闭合,电动机接通电源起动运转。松开按钮 SB,接触器 KM 线圈断电,主触点恢复到常开状态(复位),电动机因断电而停转。

可见,电动机的启停全靠按钮,按下按钮就转,松开按钮就停,所以称为点动。按钮 SB 的按下时间长短直接决定了电动机接通电源的运转时间长短。

点动环节在工业生产中应用颇多,如电动葫芦,机床工作台的上、下移动等。

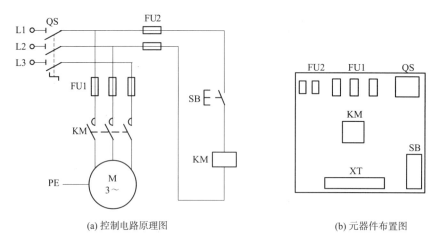

(a) 控制电路原理图　　　　　　　　(b) 元器件布置图

图 6-9　三相异步电动机点动控制电路原理图和元器件布置图

2. 单向长动控制电路

前面介绍的点动控制电路不便于电动机长时间动作,所以不能满足许多需要连续工作的状况。电动机的连续运转也称为长动控制,是相对点动控制而言的,它是指在按下起动按钮起动电动机后,松开按钮,电动机仍然能够通电连续运转。实现长动控制的关键是在起动电路中增设了"自锁"环节。用按钮和接触器组成的单向长动控制电路原理图和元器件布置图如图 6-10 所示,其安装接线图如图 6-11 所示。

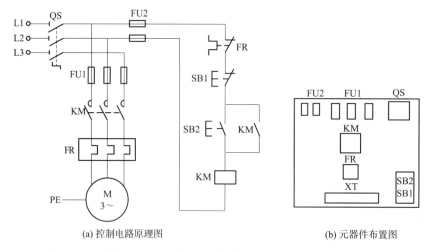

(a) 控制电路原理图　　　　　　　　(b) 元器件布置图

图 6-10　三相异步电动机单向长动控制电路原理图和元器件布置图

该电路由刀开关 QS,熔断器 FU1、FU2,接触器 KM,热继电器 FR 和按钮 SB1、SB2 等组成。其中由 QS、FU1、KM 主触点、FR 发热元件与电动机 M 构成主电路。由停止按钮 SB1、起动按钮 SB2、KM 常开辅助触点、KM 线圈、FR 常闭触点及 FU2 构成控制电路。

电动机起动时,合上电源开关 QS,接通整个控制电路电源。按下起动按钮 SB2 后,其常开触点闭合,接触器 KM 线圈通电吸合,KM 常开主触点与并联在起动按钮 SB2 两端的常开辅助触点同时闭合,前者使电动机接入三相交流电源起动旋转;后者使 KM 线圈经 SB2 常开触点与接触器 KM 自身的常开辅助触点两路供电而吸合。松开起动按钮 SB2 时,虽然 SB2 一路已断开,但 KM 线圈仍通过自身常开辅助触点这一通路而保持通电,从而确保电动机继续运转。这种依靠接触器自身辅助触点而使其线圈保持通电的方式,称为接触器自锁,也称电气自锁。这对起自锁作用的常开辅助触点称为自锁触点,这段电路称为自锁电路。

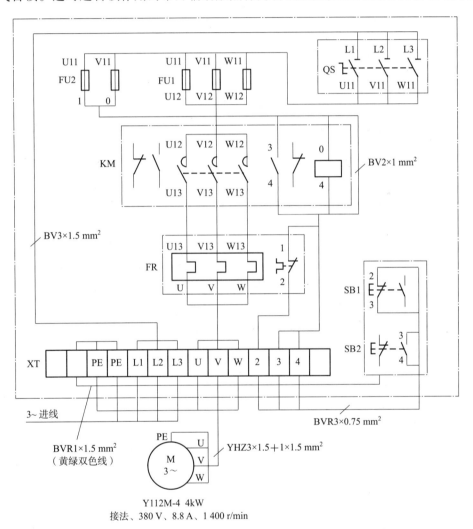

图 6-11　三相异步电动机单向长动控制的安装接线图

　　要使电动机停止运转,可按下停止按钮 SB1,接触器 KM 线圈断电释放,KM 的常开主触点、常开辅助触点均断开,切断电动机主电路和控制电路,电动机停止转动。当手松开停止按钮后,SB1 的常闭触点在复位弹簧作用下,虽又恢复到原来的常闭状态,但原来闭合的 KM 自锁触点早已随着接触器 KM 线圈断电而断开,接触器已不再依靠自锁触点通电。由此可见,点动控制与长动控制的根本区别在于电动机控制电路中有无自锁电路。再者,从主电路上看,电动机连续运转电路应装有热继电器以作长期过载保护,对于点动控制电路则可不接热继电器。

电路的保护环节。熔断器 FU1、FU2 分别为主电路、控制电路的短路保护。热继电器 FR 作为电动机的长期过载保护。这是由于热继电器的热惯性较大,只有当电动机长期过载时 FR 才动作。使串联在控制电路中的 FR 常闭触点断开,切断 KM 线圈电路,使接触器 KM 断电释放,主电路 KM 三对常开主触点断开,电动机断电停止转动,实现对电动机的过载保护。

电路的欠电压与失电压保护。这一保护是依靠接触器自身的电磁机构来实现的。当电源电压降低到一定值时或电源断电时,接触器电磁机构反力大于电磁吸力,接触器衔铁释放,常开触点断开,电动机停止转动,而当电源电压恢复正常或重新供电时,接触器线圈均不会自行通电吸合,只有在操作人员再次按下起动按钮之后,电动机才能重新起动。这样,一方面防止电动机在电压严重下降时仍低压运行而烧毁电动机。另一方面防止电源电压恢复时,电动机自行起动旋转,造成设备和人身事故的发生。

3. 既能点动又能长动的控制电路

在实际生产过程中,电动机控制电路往往是既需要能实现点动控制也需要能实现连续控制的。图 6-12 所示为常见的既可实现点动控制又可实现连续控制的控制电路。

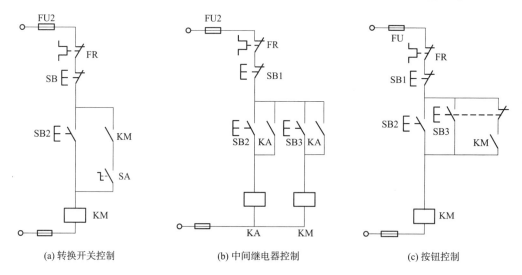

(a) 转换开关控制　　　　(b) 中间继电器控制　　　　(c) 按钮控制

图 6-12　电动机既能点动又能长动控制电路

工作原理:在图 6-12(a)中,点动控制与连续运转控制由手动开关 SA 进行选择。当 SA 断开时自锁电路断开,成为点动控制。当 SA 闭合时,由于自锁电路接入成为连续控制。

在图 6-12(b)中增加了一个中间继电器 KA。按下点动按钮 SB3,接触器线圈通电,主电路中 KM 主触点闭合,三相异步电动机通电运转,松开 SB3,KM 线圈断电,其主触点断开,电动机断电停转。按下长动按钮 SB2,中间继电器 KA 线圈通电,其两对常开触点都闭合,其中一对闭合实现自锁,另一对闭合,接通接触器 KM 线圈支路,使 KM 线圈通电,主电路 KM 主触点闭合,电动机起动旋转。此时,按下停止按钮 SB1,KA、KM 线圈都断电,触点均恢复到初始状态,电动机断电停止。

在图 6-12(c)中增加了一个复合按钮 SB3。将 SB3 的常闭触点串联在接触器自锁电路中,其常开触点与连续运转起动按钮 SB2 常开触点并联,使 SB3 成为点动控制按钮。当按下 SB3 时,其常闭触点先断开,切断自锁电路,常开触点后闭合,接触器 KM 线圈通电并吸合,主触点闭合,电动机起动旋转。当松开 SB3 时,它的常开触点先恢复断开,KM 线圈断电并释放,KM 主触点及与 SB3 常闭触点串联的常开辅助触点都断开,电动机停止旋转。SB3 常闭触点恢复闭合,这时也无法接通自锁电路,KM 线圈无法通电,电动机也无法运转。电动机需连续运转时,可按下连续运转起动按钮 SB2,停机时按下停止按钮 SB1,便可实现电动机的连续运转起动和停止控制。

4. 多地控制电路

所谓多地控制,是指能够在两个或多个不同的地方对同一台电动机的动作进行控制。

在一些大型机床设备中,为了工作人员操作方便,经常采用多地控制方式,在机床的不同位置各安装一套起动和停止按钮。例如,万能铣床控制主轴电动机起动、停止的两套按钮,分别装在床身上和升降台上。

图 6-13 所示为两地控制三相异步电动机的控制电路,图中 SB11、SB12 为安装在甲地的起动按钮和停止按钮;SB21、SB22 为安装在乙地的起动按钮和停止按钮。

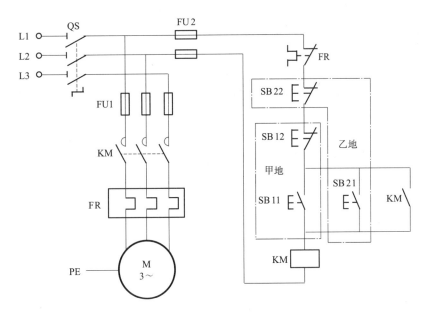

图 6-13　电动机单向连续旋转两地控制电路电气原理图

起动时,合上电源开关 QS,按下起动按钮 SB11 或 SB21,接触器 KM 线圈通电,主电路中 KM 三对常开主触点闭合,三相异步电动机通电运转,控制电路中 KM 自锁触点闭合,实现自锁,保证电动机连续运转。

停止时,按下停止按钮 SB12 或 SB22,接触器 KM 线圈断电,主电路中 KM 三对常开主触点恢复断开,三相异步电动机断电停止运转,控制电路中 KM 自锁触点恢复断开,解除自锁。

技能训练 三相异步电动机直接起动控制电路的安装与检修

1. 训练目标

①正确绘制三相异步电动机的点动、单向长动控制、既能点动又能长动控制、两地控制电路图。

②合理地在配线板上布局电器元件,并牢固地安装电器元件。

③学会装配三相异步电动机的点动、单向长动控制、既能点动又能长动、两地控制电路。

④学会继电器-接触器控制电路常见故障的分析与检修。

2. 器材与工具

配线板,1块;低压断路器、热继电器、交流接触器,各1只;按钮,2个;熔断器,5个;三相笼形异步电动机,1台;导线、紧固体及编码套管,若干;兆欧表、钳形电流表、万用表,各1块;电工工具,1套。

3. 训练指导

(1)控制电路的装配方法与步骤

基本操作步骤:选择电器元件及导线→设备及电器元件检查→固定安装元器件→布线→安装电动机并接线→连接电源→自检→交验→通电试车。

①电器元件的检测。配齐所有电器元件,并进行检测。

✦ 电器元件的技术数据(如型号、规格、额定电压、额定电流等)应完整并符合要求,外观无损伤,备件、附件齐全完好。

✦ 电器元件的电磁机构动作是否灵活,有无衔铁卡阻等不正常现象。用万用表检查电磁线圈的通断情况以及各触点的分、合情况。

✦ 低压电器的额定电压与电源电压是否一致。

✦ 对电动机的质量进行常规检查。

②根据元件布置图固定元器件。在配线板上按元器件布置图安装电器元件,并贴上醒目的文字符号。安装元器件的工艺要求如下:

✦ 低压断路器、熔断器的受电端子安装在配线板的外侧,便于手动操作。

✦ 各元器件间距合理,便于元器件的检修和更换。

✦ 紧固各元器件时应用力均匀,紧固程度适当。可用手轻摇,以确保其稳固。

③画出安装接线图。

④先安装主电路,再安装控制电路。板前明线布线的工艺要求如下:

✦ 布线通道要尽可能减少。主电路、控制电路要分类清晰,同一类线路要单层密排,紧贴安装板面布线。

✦ 同一平面内的导线要尽量避免交叉。当必须交叉时,布线线路要清晰,便于识别。布线应横平竖直,走线改变方向时,应垂直转向。

✦ 布线一般按照先主电路,后控制电路的顺序。主电路和控制电路要尽量分开。

✦ 导线与接线端子或接线柱连接时,应不压绝缘层、不反圈及不露铜过长,并做到同一元件、同一回路的不同接点的导线间距离保持一致。

- ◆ 一个电器元件接线端子上的连接导线不得超过两根。每节接线端子板上的连接导线一般只允许连接一根。
- ◆ 布线时，严禁损伤线芯和导线绝缘，不在控制电路板（网孔板）上的电器元件，要从端子排上引出。布线时，要确保连接牢靠，用手轻拉不会脱落和断开。

⑤根据电气原理图及安装接线图，检验控制电路板内部布线的正确性。

⑥安装电动机，可靠连接电动机和各电器元件金属外壳的保护接地线。

⑦连接电源、电动机等控制板（网孔板）外部的导线。

⑧自检。控制电路接好线后，必须经过认真检查后，才允许通电试车，以防止接错、漏接造成不能正常运转和短路事故。

- ◆ 按电气原理图或接线图从电源端开始，逐段核对连线是否正确，连接点是否符合要求。
- ◆ 用万用表进行检查时，应选用电阻挡的适当倍率，并进行校零，以防错漏短路故障。校验控制电路时，可将表笔分别搭在连接控制电路的两根电源线的接线端上，读数应为"∞"，按下点动按钮 SB 时，读数应为接触器线圈的直流电阻阻值。
- ◆ 检查主电路时，可以用手动来代替接触器受电线圈励磁吸合时的情况。
- ◆ 用兆欧表检查电路的绝缘电阻应不得小于 1 MΩ。

⑨交验。检查无误后可通电试车，试车前应检查与通电试车有关的电气设备是否有不安全的因素存在，若检查出应立即整改，然后方能试车。在试车时，要认真执行安全操作规程的有关规定，一人监护，一人操作。

⑩通电试车前，必须经过指导老师的许可，并由指导老师接通三相电源 L1、L2、L3，同时在现场监护。

- ◆ 合上电源开关 QS 后，用验电笔检查熔断器出线端，氖管亮说明电源接通。按下起动按钮，观察接触器情况是否正常，是否符合功能要求，观察元器件动作是否灵活，有无卡阻及噪声过大等现象，观察电动机运行是否正常，观察中若有异常现象应立即停车。当电动机运转平稳后，用钳形电流表测量三相电流是否平衡。
- ◆ 通电试车完毕，停转，切断电源。先拆除三相电源线，再拆除其他接线。

（2）电气控制电路故障的检修

①故障设置。在控制电路或主电路中人为设置两处故障点。

②教师示范检修。教师进行示范检修时，可把下述检修步骤及要求贯穿其中，直至将故障排除。

- ◆ 用实验法来观察故障现象。主要注意观察电动机的运行情况、接触器的动作和线路的工作情况等，若发现有异常情况，应马上断电检查。
- ◆ 用逻辑分析法缩小故障范围，并在电路图上用虚线标出故障部位的最小范围。
- ◆ 用测量法正确、迅速地找出故障点。
- ◆ 根据故障点的不同情况，采取正确的修复方法，迅速排除故障。
- ◆ 排除故障后通电试车。

③学生自行检修。教师示范检修后，再由指导教师重新设置两个故障点，让学生进行检修。在学生检修的过程中，教师可进行启发性的指导，并让学生做好维修记录。包括故

障现象、故障点以及故障排除的具体方法。

4. 训练指导

①检测所用电器元件。

②分别按图 6-9、图 6-10、图 6-12(c)和图 6-13 安装三相异步电动机的点动、长动、既能点动又能长动和两地控制电路。接线应按照主电路、控制电路分步来接;接线次序应按自上而下、从左向右来接。接线要整齐、清晰,接点牢固可靠。

③接线完毕,经指导教师检查、同意后,才能通电运行。分别按下起动按钮和停止按钮,观察电动机的转动情况。

④在已安装完工,并经通电检验合格的电路上,人为地设置一些故障,通电运行,观察故障现象,并排除故障。

5. 注意事项

①电动机等设备的金属外壳必须可靠接地。三相异步电动机采用星形接法。

②接至电动机的导线必须牢固,同时要有良好的绝缘性能。

③安装完成的控制电路板,必须经过认真检查并经指导教师允许后,方可通电试车,以防止严重事故发生。

④故障检测训练前要熟练掌握电路图中各个环节的作用。

思考练习题

①简述继电器-接触器控制电路安装步骤、故障检修步骤、故障检查和分析方法。

②什么是三相异步电动机的点动控制? 实现点动控制电路有哪几种? 各有什么特点?

③什么叫"自锁"? 自锁线路由什么部件组成? 能否用接触器的常闭触点作为自锁触点?

④在电动机单向长动控制电路中,当电源电压降低到某一值时会自动停车,其原理是什么? 若出现突然断电,当恢复供电时电动机能否自行起动运转?

⑤为什么说接触器自锁控制电路具有欠压和失压保护作用?

⑥简述多地控制电路的接线原则。

⑦在电气控制电路中,电动机的起动电流是额定电流的 4~7 倍,为什么电动机起动时热继电器不动作?

任务6.2 三相异步电动机正反转控制电路的安装与检修技能训练

生产上有许多设备需要正、反转两个方向运动,例如,机床的主轴的正转和反转,工作台的前进和后退,吊车的上升和下降等,都要求电动机能够正、反转。由三相异步电动机的基础知识可知,为了实现三相异步电动机的正、反转,只要将接到电源的三根线中的任意两根对调即可。因此,可利用两个接触器和 3 个按钮组成正反转控制电路。

相关知识 三相异步电动机正反转控制电路

6.2.1 三相异步电动机正反转控制电路

1. 接触器互锁的正反转控制电路

接触器互锁的三相异步电动机正反转控制电路如图 6-14 所示。其工作原理为：按下正转起动按钮 SB2，正转接触器 KM1 线圈通电，一方面 KM1 在主电路中的主触点和控制电路中的自锁触点闭合，使电动机正向起动并连续正向运转。另一方面，KM1 的常闭互锁触点断开，切断反转接触器 KM2 线圈支路，使得它无法通电，实现互锁。此时，即使按下反转起动按钮 SB3，反转接触器 KM2 线圈因 KM1 互锁触点断开也不会通电。要实现反转控制，必须先按下停止按钮 SB1，切断正转接触器 KM1 线圈支路，KM1 主电路中的主触点和控制电路中的自锁触点恢复断开；KM1 的动断触点（互锁触点）恢复闭合，解除对 KM2 的互锁，然后按下反转起动按钮 SB3，才能使电动机反向起动运转。

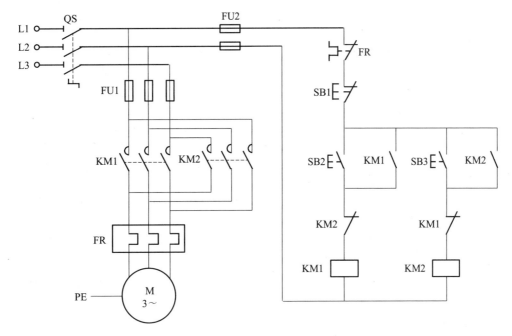

图 6-14 接触器互锁的三相异步电动机正反转控制电路

同理可知，在按下反转起动按钮 SB3 时，反转接触器 KM2 线圈通电。一方面主电路中 KM2 的三对常开主触点闭合，控制电路中自锁触点闭合，实现反转；另一方面 KM2 的动断触点（互锁触点）断开，使正转接触器 KM1 线圈支路无法接通，进行互锁。

接触器互锁的正反转控制电路优点是可以避免由于误操作以及因接触器故障引起电源短路的事故发生，但存在的主要问题是，从一个转向过渡到另一个转向时要先按停止按钮 SB1，不能直接过渡，显然这是十分不方便的。可见，接触器互锁正反转控制电路的特点是安全但不方便，运行状态转换必须是"正转—停止—反转"。

2. 双重互锁的正反转控制电路

采用复式按钮和接触器复合互锁的正反转控制电路如图 6-15 所示,图中 SB2 与 SB3 是两个复合按钮,它们各具有一对常开触点和一对常闭触点,该电路具有按钮和接触双重互锁作用。

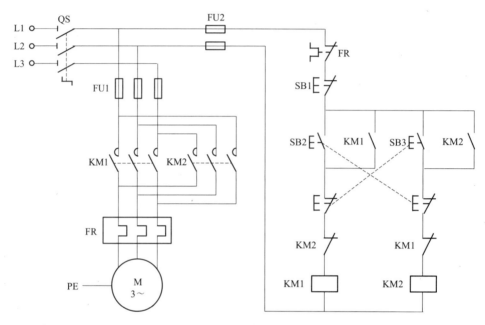

图 6-15　接触器、按钮双重互锁的电动机正反转控制电路

工作原理:合上电源开关 QS。正转时,按正转按钮 SB2,正转接触器 KM1 线圈通电,KM1 主触点闭合,电动机正转。与此同时,SB2 的动断触点和 KM1 的动断触点都断开,保证反转接触器 KM2 线圈不会同时通电。

若要反转,只要直接按下反转复合按钮 SB3,其动断触点先断开,使正转接触器 KM1 线圈断电,KM1 的主触点和辅助触点复位,电动机停止正转。与此同时,SB3 动合触点闭合,使反转接触器 KM2 线圈通电,KM2 主触点闭合,电动机反转,串联在正转接触器 KM1 线圈电路中的 KM2 动断辅助触点断开,起到互锁作用。

6.2.2　自动循环往返控制电路

1. 限位控制电路

限位控制(又称行程控制或位置控制)电路的行程开关是一种将机械信号转换为电气信号,以控制运动部件位置或行程的自动控制电器。而限位控制就是利用生产机械运动部件上的挡铁与行程开关碰撞,使其触点动作,来接通或断开电路,以实现对生产机械运动部件的位置或行程的自动控制。限位控制电路如图 6-16 所示。

小车在规定的轨道上运行时,可用行程开关实现行程控制和限位保护,控制小车在规定的轨道上运行。小车在轨道上的向前、向后运动可利用电动机的正反转实现。若实现限位,应在小车行程的两个终端位置各安装一个限位开关,将限位开关的触点接于线路中,当小车碰撞限位开关后,使拖动小车的电动机停转,就可达到限位保护的目的。

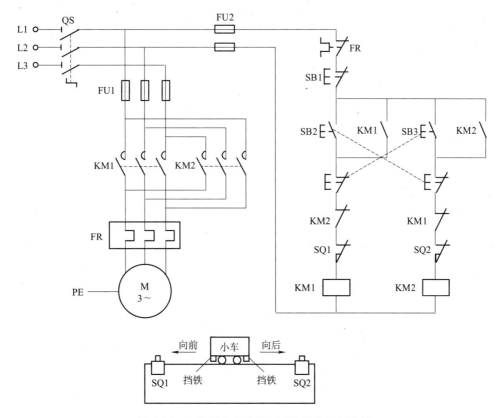

图 6-16　三相异步电动机正反转限位控制电路

合上电源开关 QS,按下按钮 SB2 后,KM1 线圈通电并自锁,互锁触点断开对 KM2 线圈进行互锁,使其不通电,同时 KM1 主触点吸合,电动机正转,小车向前运动。运动一段距离后,小车挡铁碰撞行程开关 SQ1,SQ1 常闭触点断开,KM1 线圈断电,KM1 主触点断开,电动机断电停转,同时 KM1 自锁触点断开,KM1 互锁触点闭合。小车向后运动情况类似,不再叙述,读者可自行分析。

2. 自动往返循环控制电路

在许多生产机械的运动部件往往要求在规定的区域内实现正、反两个方向的循环运动,例如,生产车间的行车运行到终点位置时需要及时停车,并能按控制要求回到起点位置,即要求工作台在一定距离内能做自由往复循环运动。这种特殊要求的行程控制,称为自动往返循环控制。

在图 6-17 所示电路中,按下起动按钮 SB2,接触器 KM1 线圈通电,其自锁触点闭合,实现自锁,互锁触点断开,实现对接触器 KM2 线圈的互锁,主电路中的 KM1 主触点闭合,电动机通电正转,拖动工作台向右运动。到达右边终点位置后,安装在工作台上的限定位置撞块碰撞行程开关 SQ1,撞块压下 SQ1,其常闭触点先断开,切断接触器 KM1 线圈支路,KM1 线圈断电,主电路中 KM1 主触点分断,电动机断电正转停止,工作台停止向右运动。控制电路中,KM1 自锁触点分断解除自锁,KM1 的常闭触点恢复闭合,解除对接触器 KM2 线圈的互锁。SQ1 的常闭触点后闭合,接通 KM2 线圈支路,KM2 线圈通电,KM2 自锁触点闭合实现自锁,KM2 的动断触点断开,实现对接触器 KM1 线圈的互锁,主电路中的 KM2 主触点闭合,电动机通电,改变相序反转,拖动工作台向左运动。到达左边终点位置后,安装在工作台上的限定位置的撞块碰撞行程开关 SQ2,其动断和动合触点按先后顺序动作。

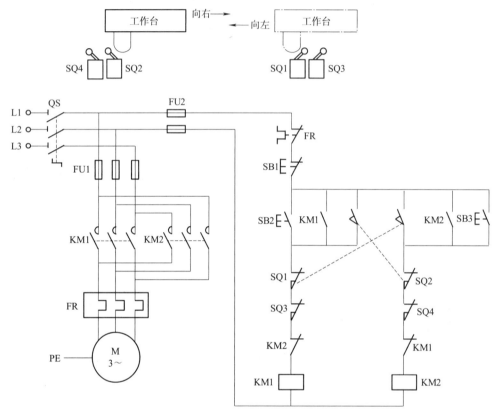

图 6-17　自动循环往返控制电路

以后重复上述过程,工作台在 SQ1 和 SQ2 之间周而复始地做往复循环运动,直到按下停止按钮 SB1 为止。整个控制电路断电,接触器 KM1(或 KM2)主触点分断,电动机断电停转,工作台停止运动。

由以上分析可以看出,行程开关在电气控制电路中,若起行程限位控制作用时,总是用其常闭触点串联于被控制的接触器线圈的电路中;若起自动往返控制作用时,总是以复合触点形式接于电路中,其常闭触点串联于将被切除的电路中,其常开触点并联于待起动的换向按钮两端。

技能训练　三相异步电动机正反转控制电路的安装与检修

1. 训练目标

①正确绘制三相异步电动机的正反转控制电路、自动循环控制的电气原理图。

②合理地在配线板上布局电器元件,并牢固地安装电器元件。

③能在规定的时间内,完成三相异步电动机的正反转控制电路、自动循环控制电路的装配。

④能较熟练地进行控制电路的故障分析与检修。

2. 器材与工具

配线板,1 块;交流接触器、行程开关,各 2 只;自动空气开关、热继电器,各 1 只;复合按钮,3 只;熔断器,5 只;三相笼形异步电动机,1 台;导线、紧固体及编码套管,若干;兆欧表、钳形电流表、万用表,各 1 块;电工工具,1 套。

3. 训练指导

按任务 6.1 中的训练指导进行操作。

①检测电器元件。

②分别按图 6-15、图 6-16 接线,其中电动机采用星形接法。

③接线完毕,经指导教师检查、同意后,才能通电运行。分别按下起动按钮和停止按钮,观察电动机转动情况。

④在已安装完工经通电检验合格的电路上,人为地设置一些故障,通电运行,观察故障现象,并排除故障。

4. 注意事项

①注意检查行程开关的滚轮、传动部件和触点是否完好,滚轮转动是否正常,检查、调整小车上的挡铁与行程开关滚轮的相对位置,保证控制动作准确可靠。

②故障检测训练前要熟练掌握电路图中各个环节的作用。

思考练习题

①什么叫互锁?常见电动机正反转控制电路中有几种互锁形式?各是如何实现的?

②在图 6-15 所示的三相异步电动机正反转控制电路中,已采用了按钮实现机械互锁,为什么还要采用接触器实现电气互锁?

③在自动往返循环控制电路中限位开关的作用和接线特点是什么?

④自动往返循环控制电路,在试车过程中发现行程开关不起作用,若行程开关本身无故障,则故障的原因是什么?

任务 6.3　三相笼形电动机减压起动控制电路的安装与检修技能训练

当电动机的功率较大,不允许采用全压直接起动时,应采用减压起动。有时为了减小或限制电动机起动时对机械设备的冲击,即使允许直接起动的电动机,也往往采用减压起动。减压起动的目的是为了限制起动电流。减压是指起动时,通过起动设备使加到电动机上的电压小于额定电压,待电动机的转速上升到一定数值时,再给电动机加上额定电压运行。减压起动虽然限制了起动电流,但也减小了起动转矩,所以减压起动多用于电动机空载或轻载情况下起动。

📖相关知识 三相笼形电动机减压起动控制电路

6.3.1 三相笼形电动机 Y-△ 换接减压起动控制电路

1. 按钮控制的 Y-△ 换接减压起动控制电路的分析

如图 6-18 所示,电动机起动时,合上电源开关 QS,接通整个控制电路电源。其控制过程为:按下 SB2→ KM1、KM3 线圈同时通电→KM1 常开辅助触点吸合自锁,KM1 主触点吸合接通三相交流电源;KM3 主触点吸合将电动机三相定子绕组尾端短接,电动机在星形接法下起动;KM3 的常闭辅助触点(连锁触点)断开对 KM2 线圈连锁,使 KM2 线圈不能通电。当电动机转速上升至一定值时,按下 SB3,其常闭触点先断开→KM3 线圈断电→KM3 主触点断开,解除定子绕组的星形连接;KM3 常闭辅助触点恢复闭合,为 KM2 线圈通电做好准备→SB3 按钮常开触点闭合后,KM2 线圈通电并自锁→ KM2 主触点闭合,电动机定子绕组首尾顺次连接成△形运行;KM2 常闭辅助触点断开,使 KM3 线圈不能通电。

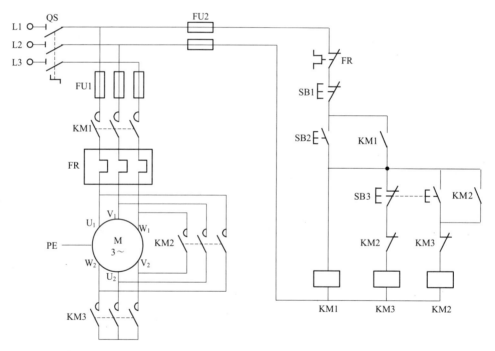

图 6-18 按钮控制的 Y-△ 换接减压起动控制电路

电动机停转时,可按下停止按钮 SB1,接触器 KM1 线圈断电释放,KM1 的常开主触点、常开辅助触点均断开,切断电动机主电路和控制电路,电动机停止转动。接触器 KM2 的常开主触点、常开辅助触点均断开,解除电动机定子绕组的三角形接法,为下次星形减压起动做准备。

2. 时间继电器控制 Y-△ 换接减压起动控制电路的分析

如图 6-19 所示,使用 3 个接触器和一个时间继电器按时间原则控制的电动机 Y-△ 换接减压起动控制电路。图中,KM1 为电源接触器,KM2 为定子绕组三角形连接接触器,KM3 为定子绕组星形连接接触器。

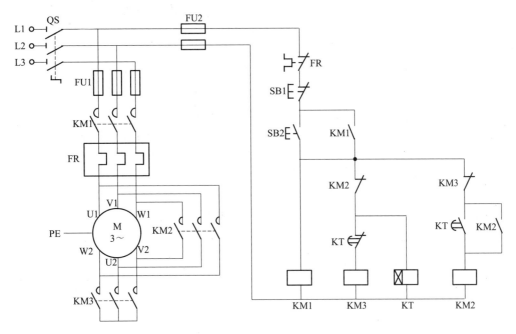

图 6-19　时间继电器控制 Y-△换接减压起动控制电路

电动机起动时,合上电源开关 QS,接通整个控制电路电源。其控制过程为:按下起动按钮 SB2→ KM1、KM3、KT 线圈同时通电→ KM1 常开辅助触点吸合自锁,KM1 主触点吸合接通三相交流电源;KM3 主触点吸合将电动机三相定子绕组尾端短接,电动机在星形接法起动;KM3 的常闭辅助触点断开对 KM2 线圈连锁,使 KM2 线圈不能通电;KT 按设量的星形减压起动时间工作→当电动机转速上升至一定值(接近额定转速)时,时间继电器 KT 的延时时间结束→KT 延时断开的常闭触点断开,KM3 断电,KM3 主触点恢复断开,电动机断开星形接法;KM3 常闭辅助触点恢复闭合,为 KM2 通电做好准备→KT 延时闭合的常开触点闭合,KM2 线圈通电自锁,KM2 主触点将电动机三相定子绕组首尾顺次连接成三角形,电动机接成三角形全压运行。同时 KM2 的常闭辅助触点断开,使 KM3 和 KT 线圈都断电。

停止时,按下停止按钮 SB1→KM1、KM2 线圈断电→KM1 主触点断开,切断电动机的三相交流电源,KM1 自锁触点恢复断开解除自锁,电动机断电停转;KM2 常开主触点恢复断开,解除电动机三相定子绕组的三角形接法,为电动机下次星形起动做准备,KM2 自锁触点恢复断开解除自锁,KM2 常闭辅助触点恢复闭合,为下次星形起动 KM3、KT 线圈通电做准备。

此电路中时间继电器的延时时间可根据电动机起动时间的长短进行调整,解决了切换时间不易把握的问题,且此减压起动控制电路投资少,接线简单。但由于起动时间的长短与负载大小有关,负载越大,起动时间越长。对负载经常变化的电动机,若对起动时间控制要求较高,需要经常调整时间继电器的整定值,就显得很不方便。

6.3.2 三相笼形电动机定子串自耦变压器减压起动控制电路

用自耦变压器减压起动是指电动机起动时,利用自耦变压器来降低加在电动机定子绕组上的起动电压。当电动机起动,转速上升到接近额定值时,切除自耦变压器,电动机进入全压运行。采用自耦变压器减压起动时,由于用于电动机减压起动的自耦变压器通常有3个不同的中间抽头(匝数比一般为65%、73%、85%),使用不同的中间抽头,可以获得不同的限流效果和起动转矩等级,因此有较大的选择余地,常用于大容量的电动机。

时间继电器控制的3个接触器定子串自耦变压器减压起动控制电路如图6-20所示。三个接触器的作用分别为:KM1将三相自耦变压器的绕组接成星形连接方式;KM2是串自耦变压器减压起动控制接触器;KM3是电动机全压运行控制接触器。

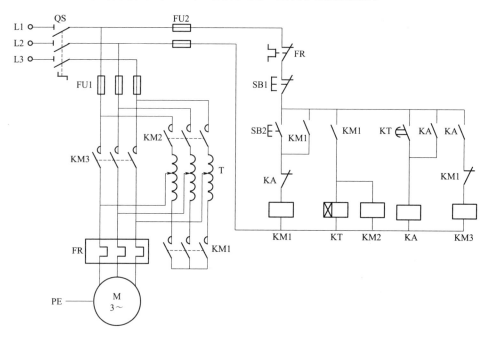

图6-20 三相笼形电动机定子串自耦变压器减压起动控制电路

起动时,按下起动按钮SB2,KM1线圈通电自锁,KM1主触点吸合,将三相自耦变压器三相绕组接成星形;KM1常开辅助触点吸合,KT、KM2线圈同时通电,KM2主触点吸合,将电源电压加到自耦变压器的一次绕组,电动机串自耦变压器减压起动;KT开始延时,经过一段时间,转速上升到一定值(接近额定转速),时间继电器延时时间到,KT延时闭合的常开触点闭合,KA线圈通电自锁,KA常闭触点断开,KM1线圈断电,KM1主触点恢复断开,解除自耦变压器的星形连接;KM1常开辅助触点恢复断开,KM2、KT同时断电;KA常开触点闭合后,KM3线圈通电,KM3主触点吸合,电动机全压正常运行。

技能训练 三相笼形电动机减压起动控制电路的安装与检修

1. 训练目标

①正确绘制三相笼形电动机 Y-△换接减压起动、定子串自耦变压器减压起动控制电路

的电气原理图。

②合理地在配线板上布局电器元件,并牢固地安装电器元件。

③能在规定的时间内,完成三相笼形电动机 Y-△换接减压起动、定子串自耦变压器减压起动控制电路的装配。

④能较熟练地进行控制电路的故障分析与检修。

2. 器材与工具

配线板,1 块;交流接触器,3 只;自动空气开关、热继电器、时间继电器、中间继电器,各 1 只;复合按钮,3 只;熔断器,5 只;小型的三相笼形异步电动机(三角形接法),1 台;小型三相自耦变压器,1 台;导线、紧固体及编码套管,若干;钳形电流表、万用表,各 1 块;电工工具,1 套。

3. 训练指导

按任务 6.1 中的训练指导进行操作。

①检测电器元件。

②分别按图 6-19、图 6-20 接线。

③接线完毕,经指导教师检查、同意后,才能通电运行。分别按下起动按钮和停止按钮,观察电动机转动情况。

④在已安装完工经通电检验合格的电路上,人为地设置一些故障,通电运行,观察故障现象,并排除故障。

4. 注意事项

①电动机等的金属外壳必须可靠接地。Y-△换接减压起动控制电路中的电动机必须采用正常运行时采用三角接法的电动机,并且电源电压与电动机的额定电压相符。

②接至电动机的导线必须牢固,同时要有良好的绝缘性能。

③安装完成的控制线路板,必须经过认真检查并经指导教师允许后,方可通电试车,以防止严重事故发生。

④故障检测训练前要熟练掌握电路图中各个环节的作用。

思考练习题

①三相笼形异步电动机在什么情况下可采用 Y-△换接减压起动?正常运行时采用 Y 接法的三相笼型异步电动机能否采用 Y-△换接减压起动?为什么?

②自耦变压器减压起动的优缺点是什么?它适合于在什么情况下使用?

任务 6.4　三相异步电动机顺序控制电路的安装与检修技能训练

在实际生产中,装有多台电动机的生产机械上,由于各电动机所起的作用不同,根据实际需要,有时需按一定的先后顺序起动或停止,才能符合生产工艺规程的要求,保证操作过程的合理和工作的安全可靠,如自动加工设备必须在前一工段完成,转换控制条件具备时,方可进入新的工段。像这种要求几台电动机的起动或停止必须按一定的先后顺序来完成的控制方式,称为电动机的顺序控制。

顺序控制的具体要求可以各不相同,但实现的方法有两种:一种是通过主电路来实现顺序控制的;另一种是通过控制电路来实现顺序控制的。

相关知识 三相异步电动机顺序控制电路

6.4.1 主电路实现顺序控制电路

图 6-21 所示为常见的通过主电路来实现两台电动机顺序控制的电路,由此可见线路的特点是:M2 的主电路接在控制 M1 的接触器主触点的下方。电动机 M2 是通过接插器 X 和热继电器 FR2 的热元件,接在接触器 KM 的主触点下面的,因此,只有当 KM 主触点闭合时,电动机 M1 起动运转后,电动机 M2 才有可能接通电源运转。

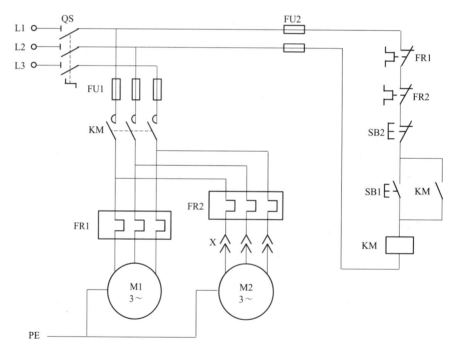

图 6-21 主电路实现顺序控制电路图(1)

在图 6-21 所示电路中,电动机 M1 和 M2 分别通过接触器 KM1 和 KM2 来控制,接触器 KM2 的主触点接在接触器 KM1 主触点的下面,这样也保证了当 KM1 主触点闭合、电动机 M1 起动运转后,M2 才有可能接通电源运转。

其控制过程为:合上电源开关 QS,按下起动按钮 SB1,接触器 KM1 线圈通电,其主触点闭合,电动机 M1 起动运转,自锁触点闭合,实现自锁。电动机起动运转后,这时在图 6-21 所示的电路中,M2 可随时通过接插器与电源相连或断开,使之起动运转或停转;而在图 6-22 所示电路中,只有按下 SB1 后,再按下 SB2,接触器 KM2 线圈通电,其主触点闭合,电动机 M2

才能通电起动运转,自锁触点闭合,实现自锁。

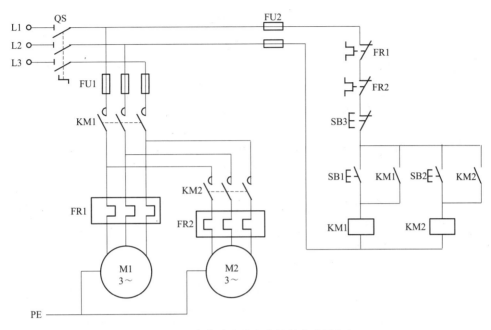

图 6-22　主电路实现顺序控制电路图(2)

停止时,按下 SB3,接触器 KM1、KM2 的线圈均断电,其主触点分断,电动机 M1、M2 同时断电停止运转,自锁触点均断开,解除自锁。

6.4.2　控制电路实现顺序控制的控制电路

图 6-23 ~ 图 6-26 所示为几种常见的通过控制电路来实现两台电动机 M1、M2 的顺序控制的电路(图 6-24 ~图 6-26 各图的主电路与图 6-23 所示的主电路相同)。主电路的特点:KM1、KM2 主触点,均接在熔断器 FU1 的下方。

①图 6-23 为实现 M1 先起动,M2 后起动;M1 停止时,M2 也停止;M1 运行时,M2 可以单独停止的电气控制电路。

这种控制电路是将控制电动机 M1 的接触器 KM1 的常开辅助触点串入控制电动机 M2 的接触器 KM2 的线圈回路。这样就保证了在起动时,只有在电动机 M1 起动后,即 KM1 吸合,其常开辅助触点 KM1(7-8)闭合,按下 SB4 才能使 KM2 的线圈通电动作,KM2 的主触点闭合才能起动电动机 M2。实现了电动机 M1 起动后,M2 才能起动。

停车时,按下 SB1,KM1 线圈断电,其主触点断开,电动机 M1 停止,同时 KM1 的常开辅助触点 KM1(3-4)断开,切断自锁回路,KM1 的常开辅助触点 KM1(7-8)断开,使 KM2 线圈断电释放,其主触点断开,电动机 M2 断电。实现了当电动机 M1 停止时,电动机 M2 立即停止。当电动机 M1 运行时,按下电动机 M2 的停止按钮 SB3,电动机 M2 可以单独停止。

②图 6-24 所示为实现 M1 先起动,M2 后起动;M1、M2 同时停止的控制电路。

这种控制电路实现的顺序起动,同样是通过将接触器 KM1 的常开辅助触点串入 KM2 线圈回路实现的。M1 和 M2 同时停止,只需要一个停止按钮控制两台电动机的停止。若一台电动机发生过载,则两台电动机同时停止。

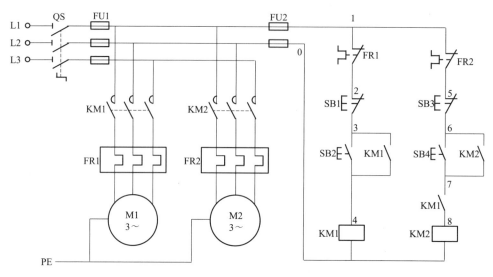

图 6-23　两台电动机控制电路实现顺序控制的电路图(1)

③图 6-25 所示为 M1 先起动,M2 后起动;M1、M2 可以单独停止的控制电路。

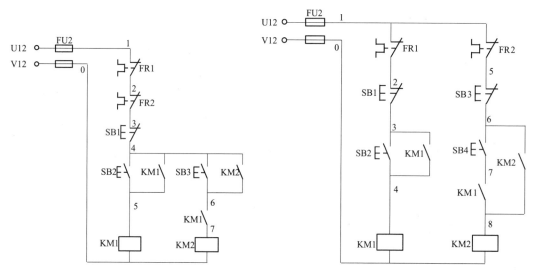

图 6-24　两台电动机控制电路
实现顺序控制的电路图(2)

图 6-25　两台电动机控制电路
实现顺序控制的电路图(3)

图 6-25 也是通过将接触器 KM1 的常开辅助触点 KM1(7-8)串入 KM2 线圈回路实现 M1、M2 顺序起动的。M1 和 M2 可以单独停止,需要两个停止按钮分别控制两台电动机的停止,但是 KM2 自锁回路应将 KM1 的常开辅助触点 KM1(7-8)自锁在内,这样当 KM2 通电后,其常开辅助触点 KM2(6-8)闭合,KM1 的常开辅助触点 KM1(7-8)则失去了作用。SB1 和 SB3 可以单独使电动机 M1 和 M2 停止。

④图 6-26 所示为按时间顺序控制电动机顺序起动。

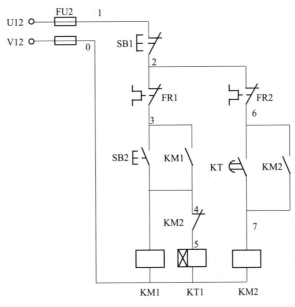

图 6-26　两台电动机控制电路实现顺序控制的电路图（4）

M1 起动后,经过 5 s(假设时间继电器整定时间调为 5 s)后 M2 自行起动,M1、M2 同时停止的控制电路。这种控制需要用时间继电器实现延时,时间继电器的延时时间设置为 5 s。如图 6-26 所示,按下 M1 的起动按钮 SB2,接触器 KM1 的线圈通电并自锁,其主触点闭合,电动机 M1 起动,同时时间继电器 KT 线圈通电,开始延时。经过 5 s 的延时后,时间继电器的延时闭合常开触点 KT(6-7)闭合,接触器 KM2 的线圈通电,其主触点闭合,电动机 M2 起动,其常开辅助触点 KM2(6-7)闭合自锁,同时其常闭辅助触点 KM2(4-5)断开,时间继电器的线圈断电,退出运行。

技能训练　三相异步电动机顺序控制电路的安装与检修

1. 训练目标

①正确绘制三相异步电动机顺序控制的电气原理图。

②合理地在配线板上布局电器元件,并牢固地安装电器元件。

③能在规定的时间内,完成两台三相异步电动机顺序控制电路的装配。

④能较熟练地进行控制电路的故障分析与检修。

2. 器材与工具

配线板,1 块;交流接触器,2 只;自动空气开关,1 只;热继电器,2 只;时间继电器,1 只;按钮,4 只;熔断器,5 只;三相笼形异步电动机,2 台;导线、紧固体及编码套管,若干;兆欧表、钳形电流表、万用表,各 1 块;电工工具,1 套。

3. 训练指导

按任务 6.1 中的训练指导进行操作。

①清理并检测所需元器件。

②从图 6-23～图 6-26 中选两个图进行接线。其中电动机采用星形接法。

③接线完毕,经指导教师检查、同意后,才能通电运行。分别按下起动按钮和停止按钮,观察电动机转动情况。

④在已安装完工经通电检验合格的电路上,人为设置故障,通电运行,观察故障现象,并排除故障。

思考练习题

①什么是顺序控制? 实现顺序控制的方法有哪些?

②举出两台电动机顺序控制的实际应用的例子。

任务 6.5 三相异步电动机调速和制动控制电路的安装与检修技能训练

三相异步电动机在负载不变的情况下的调速方法有:变极调速、变频调速和变转差率调速。目前,机床设备电动机的调速方法仍以变极调速为主,双速异步电动机是变极调速中最常用的一种形式。三相异步电动机在脱离电源后由于机械惯性的存在,完全停止需要一段时间,这就要求对电动机采取制动的措施,使电动机迅速停转。电动机的制动方法有机械制动和电气制动,使电动机快速停车的电气制动方式有能耗制动和反接制动。

相关知识 三相异步电动机调速和制动控制电路

6.5.1 三相双速异步电动机调速控制电路与三相双速异步电动机的变速原理

三相双速异步电动机是通过改变电动机定子绕组的连接方式来获得不同的磁极数,使电动机同步转速发生变化,从而达到电动机调速的目的。三相双速异步电动机的每相定子绕组均可串联或并联,三相定子绕组可以接成星形和三角形连接,所以有多种接线方式,常用的接线方式有△/YY 连接和 Y/YY 连接两种,此处仅介绍△/YY 连接。

当把三相交流电源分别接到定子绕组的接线端 1、2、3 上,另外 3 个接线端 4、5、6 空着不接时,如图 6-27(a)所示,电动机定子绕组接成三角形,磁极为 4 极,同步转速为 1 500 r/min,这是一种低速接法。

当把 3 个接线端 1、2、3 并接在一起,另外 3 个接线端 4、5、6 分别接到三相交流电源上时,如图 6-27(b)所示,电动机定子绕组接成双星形,磁极为 2 极,同步转速为 3 000 r/min,这是一种高速接法。

图 6-28 所示为转换开关 SA 选择电动机高、低速的双速控制电路。图中转换开关 SA 断开时选择低速,SA 闭合时选择高速。

工作原理:低速控制时,转换开关 SA 置断开位置,此时时间继电器 KT 未接入电路,接触器 KM2、KM3 无法接通。按下起动按钮 SB2,接触器 KM1 线圈通电,其自锁触点闭合,实现自锁;KM1 主触点接通三相交流电源,电动机低速运行。

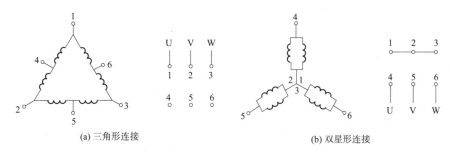

(a) 三角形连接   (b) 双星形连接

图 6-27 双速电动机定子绕组的 △/YY 连接

当 SA 置闭合位置时,选择低速起动、高速运行。按下起动按钮 SB2,接触器 KM1 线圈、时间继电器 KT 线圈同时通电。KM1 线圈通电,同上面所述,电动机低速起动运行。在时间继电器 KT 线圈通电时,时间继电器开始计时,当时间继电器延时结束时,其延时断开的常闭触点先断开,切断 KM1 线圈支路,电动机处于暂时断电,自由停车状态;其延时闭合的常开触点后闭合,同时接通 KM2、KM3 线圈支路,同上所述,电动机由三角形运行转入双星形运行,即实现高速运行。

注意:图 6-28 所示的控制电路,电动机在低速运行时可用转换开关直接切换到高速运行,但不能从高速运行直接用转换开关切换到低速运行,必须先按停止按钮后,再进行低速运行操作。

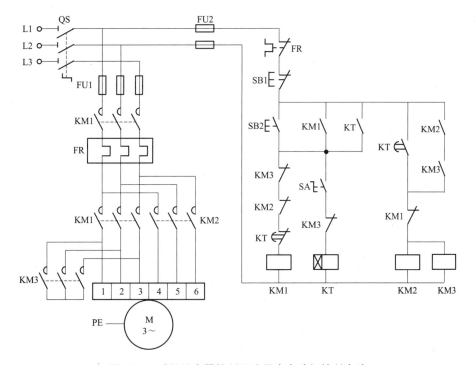

图 6-28 时间继电器控制双速异步电动机控制电路

6.5.2 三相异步电动机制动控制电路

1. 三相异步电动机能耗制动控制电路

三相异步电动机按速度原则控制的单向运行能耗制动控制电路如图 6-29 所示。该电路用单相桥式整流器提供直流电源。

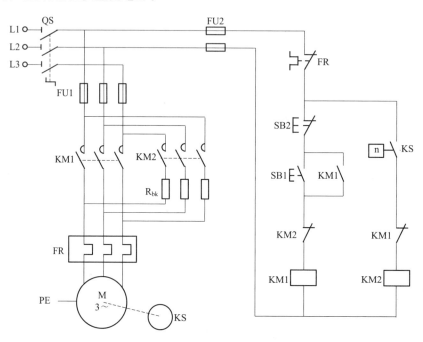

图 6-29　按速度原则控制的单向运行能耗制动控制电路

工作原理分析:按下按钮 SB2,KM1 线圈通电并自锁,电动机通电起动运转,同时 KM1 的辅助动断触点断开,确保 KM2 线圈不会通电,也就是电动机不会通入直流电源,保证电动机的正常运转。当电动机转速升高到一定值以后,速度继电器 KS 动作,动合触点闭合,为能耗制动做准备。要停车时,按下停止按钮 SB1,首先 KM1 线圈断电,KM1 辅助动断触点闭合,SB2 的动合触点闭合,使 KM2 线圈通电,电动机三相电源线断开,在电动机两相绕组中经过电阻通入直流电,电动机定子绕组中的旋转磁场变为一恒定磁场,转动的转子在恒定磁场的作用下,转速下降,实现制动。当转速下降到一定值以后,速度继电器的动合触点断开,KM2 线圈断电,制动过程结束。

2. 三相异步电动机反接制动控制电路

当电动机的电源反接时,转子与定子旋转磁场的相对转速接近电动机同步转速的两倍,此时转子中流过的电流相当于全压起动电流的两倍,因此反接制动转矩大,制动迅速。为减小制动电流,必须在制动电路中串入制动电阻。电动机反接制动的要求:三相电动机的电源应能实现反接;当电动机制动转速接近零时,应及时切断电源;对笼形三相异步电动机进行反接制动时,应在电动机定子回路中串入制动电阻。

三相异步电动机按速度原则控制的单向运行反接制动控制电路如图 6-30 所示。其控

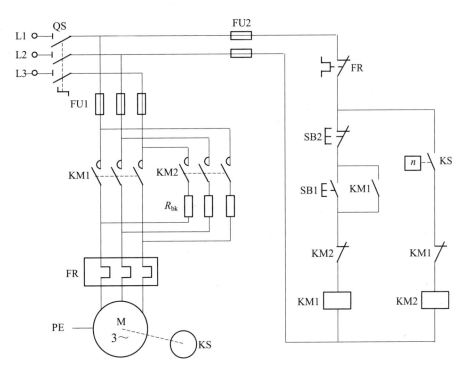

图 6-30　按速度原则控制的单向运行反接制动控制电路

制过程为:按下起动按钮 SB1,KM1 线圈通电,KM1 辅助常开触点闭合并自锁,KM1 主触点闭合,电动机的正序电源起动,转速升高,当电动机的转速升高到一定值时,速度继电器动合触点闭合,由于 KM1 辅助动断触点断开,确保 KM2 线圈不会通电,为实现电动机反接制动做准备。

　　如果要使电动机停转,则按下停止按钮 SB2,KM1 线圈首先断电释放,电动机正序电源断开,做惯性运转,同时 KM1 辅助动断触点闭合,使 KM2 线圈通电,KM2 主触点将反序电源通过制动电阻接入电动机,使电动机实现反接制动,KM2 的辅助动断触点断开,使 KM1 不能通电,确保电源不会短路。在反接制动的过程中,电动机的转速迅速下降,当转速下降到较小值时,速度继电器的动合触点断开,KM2 线圈断电释放,电动机反序电源断开,制动过程结束。

技能训练　三相异步电动机调速和制动控制电路的安装与检修

1. 训练目标

①正确地绘制三相异步电动机的调速和制动控制原理图。

②合理地在配线板上布局电器元件,并牢固地安装电器元件。

③能在规定的时间内,完成三相异步电动机调速和制动控制电路的装配。

④能较熟练地进行控制电路的故障分析与检修。

2. 器材与工具

配线板,1 块;交流接触器,3 只;自动空气开关、热继电器、时间继电器、速度继电器,各

1 只;转换开关,1 只;按钮,2 只;熔断器,5 只;控制变压器,1 台;桥式整流器,1 块;可调电阻器,1 只;制动电阻器,3 只;三相笼形异步电动机、三相双速异步电动机,各 1 台;导线、紧固体及编码套管,若干;钳形电流表、万用表,各 1 块;电工工具,1 套。

3. 训练指导

按任务 6.1 中的训练指导进行操作。

①清理并检测所需元器件。

②分别按图 6-27、图 6-28 和图 6-29 进行接线。

③接线完毕需经指导教师检查线路后通电运行。分别按下起动按钮、扳动转换开关和按下停止按钮,观察电动机的转动情况。

④在已安装完工经通电检验合格的电路上,人为设置故障,通电运行,观察故障现象,并排除故障。

思考练习题

①三相双速异步电动机的双速控制是如何实现的?

②在能耗制动控制电路中,在直流回路中串入电阻的作用是什么?

③在反接制动控制电路的主电路中串入制动电阻的作用是什么?

任务 6.6　CA6140 型车床电气控制系统的分析与检修技能训练

相关知识　CA6140 型车床的结构和电气控制系统

CA6140 型车床是应用极为广泛的金属切削机床,在各种车床中,用得最多的是卧式车床,主要用于切削工件的外圆、内圆、端面和螺纹等,并可以装上钻头或铰刀等进行钻孔或铰孔等加工。普通车床有两个主的运动部分:一是主轴(卡盘)的旋转运动;二是刀架的直线运动,称为进给运动。车床工作时,绝大部分功率消耗在主轴运动上。

6.6.1　CA6140 型普通车床的主要结构与运动形式

1. CA6140 型车床的结构

CA6140 型普通车床的结构如图 6-31 所示。它主要由床身、主轴箱、进给箱、溜板箱、方刀架、丝杠、光杆和尾架等部分组成。最大回转直径为 400 mm。

2. 运动形式

车床运动形式有切削运动和辅助运动,切削运动包括工件的旋转运动(主运动)和刀具的直线进给运动(进给运动),除此之外的其他运动皆为辅助运动。

(1)主运动

主运动是指主轴通过卡盘带动工件旋转,主轴的旋转轴是由主轴电动机经传动机构拖动,根据工件材料性质,车刀材料及几何形状、工作直径、加工方式及冷却条件的不同,要求主轴有不同的切削速度。另外,为了加工螺钉,还要求主轴能够正反转。主轴的变速是由主轴电动机经 V 带传递到主轴变速箱实现的(由机械部分实现正反转和调速)。CA6140 普通车床的主轴正转速度有 24 种(10～1 400 r/min),反转速度有 12 种(14～1 580 r/min)。

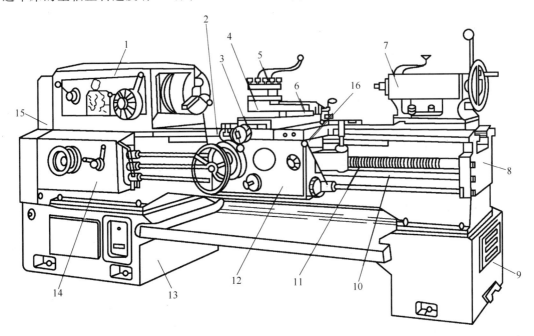

图 6-31　CA6140 型普通车床的结构

1—主轴箱;2—纵溜板;3—横溜板;4—转盘;5—方刀架;6—小溜板;7—尾架;8—床身;9—右床座;
10—光杆;11—丝杠;12—溜板箱;13—左床座;14—进给箱;15—挂轮箱;16—操纵手柄

(2)进给运动

车床的进给运动是刀架带动刀具纵向或横向直线运动,溜板箱把丝杠或光杠的转动传递给刀架部分,变换溜板箱外的手柄位置,经刀架部分使车刀做纵向或横向进给。刀架的进给运动也是由主轴电动机拖动的,其运动方式有手动和自动两种。

(3)辅助动动

辅助运动指刀架的快速移动、尾座的移动以及工件的夹紧与放松等。

6.6.2　CA6140 型普通车床电气控制系统分析

1. CA6140 型车床的电力拖动方式及控制要求

CA6140 型车床中由三台三相交流笼形异步电动机拖动。即主轴电动机 M1(7.5 kW)、刀架快速移动电动机 M3(250 W)及冷却泵电动机 M2(90 W)。从车削加工工艺要求出发,对各电动机的控制要求如下:

①主轴电动机 M1 采用全压空载直接起动。为满足加工螺纹的要求,主运动和进给运动采用同一台电动机拖动,并采用机械方法实现正、反方向旋转的连续运动。主轴采用齿轮变速机构调速。

②刀架的快速移动由单独的快速移动电动机 M3 来拖动并采用点动控制。

③冷却泵电动机 M2 用于在车削加工时提供冷却液,故 M2 应为直接起动、单向连续工作。

④电路必须有过载、短路、欠压、失压保护。

⑤具有安全的局部照明电路。

⑥由于控制与辅助电路中电气元件很多,故通过控制变压器 TC 与三相电网进行电气隔离,提高操作和维修的安全性。控制电路由交流 110 V 供电,照明由交流 24 V 供电,指示电路由交流 6.3 V 供电。

2. CA6140 型车床电气控制系统分析

CA6140 型普通车床的电气控制电路如图 6-32 所示。

(1)主电路分析

图 6-32 所示的主电路中,QF 为电源开关,熔断器 FU1 作总短路保护。

主轴电动机 M1 由交流接触器 KM1 控制,FR1 为其过载保护用热继电器。

冷却泵电动机 M2 由交流接触器 KM2 控制,FR2 为其过载保护用热继电器。

快速移动电动机 M3 由交流接触器 KM3 控制,单向旋转点动控制,由于是短时工作,故不设置过载保护。

熔断器 FU2 做 M2、M3 及控制变压器 TC 一次侧的短路保护用。

(2)控制电路分析

由控制变压器 TC 二次侧提供 110 V 电压,在正常工作时,位置开关 SQ1 的常开触点是闭合的(机床皮带罩保护),只有在床头皮带罩被打开时,SQ1 的常开触点才断开,切断控制电路电源,确保人身安全。钥匙开关 SB 和位置开关 SQ2 的常闭触点在车床正常工作时是断开的,QF 线圈不通电,断路器 QF 能合闸。当打开配电盘壁龛门时,位置开关 SQ2 闭合,QF 线圈通电,断路器 QF 自动断开切断电源,保证维修人员的安全。

SB1 是急停按钮,在电动机 M1、M2 起动之后,如果按下急停按钮 SB1,KM1 线圈断电,随后 KM2 线圈也断电,使电动机 M1、M2 停转。

①主轴电动控制。按下起动按钮 SB2,交流接触器 KM1 线圈通电,KM1 的动合辅助触点(6-7)闭合自锁,KM1 的主触点闭合,主轴电动机 M1 起动,同时动合辅助触点 KM1(10-11)闭合,为冷却泵起动做好准备。

②冷却泵控制。在主轴电动机起动后,KM1 的动合辅助触点(10-11)已经闭合,将旋钮开关 SA1 闭合,交流接触器 KM2 的线圈通电,KM2 的主触点吸合,冷却泵电动机起动;将SA1 断开,交流接触器 KM2 的线圈断电复位,冷却泵电动机停止。

如果将主轴电动机停止,冷却泵也自动停止。

③刀架快速移动控制。刀架快速移动电动机 M3 采用点动控制,按下按钮 SB3、交流接触器 KM3 的线圈断电,KM3 的主触点闭合,快速移动电动机 M3 起动,松开 SB3,交流接触器 KM3 释放,电动机 M3 停止。

④照明和信号灯电路。接通电源,控制变压器输出电压,HL 直接通电发光,作为电源信号灯。EL 为照明灯,将开旋钮开关 SA2 闭合 EL 亮;将 SA2 断开,照明灯 EL 灭。

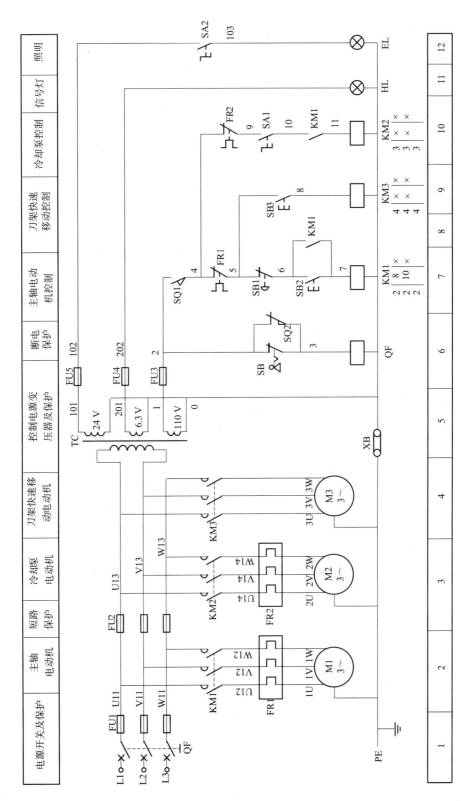

图6-32 CA6140型普通车床的电气控制电路原理图

6.6.3 CA6140 型普通车床常见电气故障检修

1. 机床电气故障检修

由于各类机床的型号不止一种,即使同一种型号,由于制造商的不同,其控制电路也顾存在差别。只有通过典型机床控制电路的学习,进行归纳推敲,才能抓住各类机床的特殊性与普遍性,做到举一反三,触类旁通。掌握机床电气控制电路的故障检修,不仅需要掌握继电器-接触器基本控制电路的安装、调试,还必须对普通机床的有关知识有比较全面的了解。学会阅读、分析普通机床设备说明书和机床电气控制电路,掌握普通机床控制电路故障的诊断和对故障进行维修的方法。

(1)阅读设备说明书

通过阅读设备说明书,对整个设备及使用进行全面了解,包括:

①设备的构造。机械、液压及气动部分的工作原理、相互之间的关联情况,设备技术指标。

②电气传动方式。电动机、执行电器的数量、规格型号、安装位置、用途和控制要求。

③设备的使用方法。各操作设备(如操作手柄、开关、按钮、旋钮等)、指示装置的布置情况,及其在控制电路中的作用。

(2)识读分析机床电气控制系统原理图的一般方法

掌握了识读原理图的方法和技巧,对于分析电气电路、排除机床电路故障是十分有意义的。机床电气原理图一般由主电路、控制电路、照明电路和指示电路等几部分组成。阅读方法如下:

①主电路的识读与分析。阅读主电路时,关键是先了解主电路中有哪些用电设备,所起的主要作用,由哪些电器来控制,采取哪些保护措施。

②控制电路的识读与分析。根据主电路中接触器的主触点编号,找到相应的线圈及控制电路,依次分析出电路的控制功能。从简单到复杂,从局部到整体,最后综合起来分析,就可以全面读懂控制电路。

③照明电路的识读与分析。查看变压器的变比、灯泡的额定电压。

④指示电路的分析。当电路正常工作时,指示机床的正常工作状态;当机床出现故障时,是机床故障信息反馈的依据。

(3)机床电气故障检修步骤

①确定故障现象。机床电气故障检修,首先要全面准确地判断故障现象。在确定故障的过程中,要求认真细致,并做好记录。

◆ 询问机床操作情况。向机床操作人员全面地了解机床故障发生的背景、机床生产情况、机床平时使用中出现的一些问题,采取过哪些措施等。

◆ 现场观察。认真仔细地观察机床电器主板上各元器件的外观的完好性,操控是否正常,保护设备是否发生过动作,如手柄活动是否正常、开关是否跳闸、熔断器是否熔断等。

◆ 必要时通电观察。根据操作人员的描述,对非短路性跳闸故障,必要时可以通电复试,观察故障现象。

②分析故障原因。根据故障现象,通过资料分析故障原因,编制故障检修流程图。

因为机床是机电一体化设备,机械、电气和液压等部分紧密联系,在分析故障原因过程中,很难完全分清故障的性质是属于机械故障还是电气故障,需要在动手检修的过程中加以鉴别。

③诊断故障点。根据故障检修流程图,找出故障确切部位,进行维修或用备件更换。

查找故障点的方法很多,按照维修的熟练程度,通常分为经验法和分析试验法;按照维修的方式分为断电检查法和通电检查法,以及两者结合的方法;按照维修的手段,分为直接更换怀疑器件法和仪器仪表检验法等。在现场维修时,应该是上述各种方法的综合运用。

◆ 断电检查法。主要针对有明显的外观损坏特征的电气故障,如触点严重熔蚀,电动机、变压器、接触器线圈过热冒烟等。

在断电检查时通常采用兆欧表和万用表的欧姆挡,检测设备的对地和相间绝缘、线圈的阻值、开关和触点的通断等。在测量过程中,为了不影响测量结果的准确性,要注意被检测区段电路或器件与其他电路分离的情况,测量后要及时恢复被断开的电路。

◆ 通电检查法。经过对故障现象分析研究,在条件允许并充分预估通电后可能发生的不良后果的情况下,给全部或部分电路通电,检测故障点。

利用通电检查法可以初步区分机械故障还是电气故障,是主电路故障还是控制电路故障。通电检查法要求在通电检查时,严格遵守操作规程,注意人身安全和设备安全。通电时要尽量切断主电路电源,严格控制通电部分。如果需要电动机运转,应该使电动机与机械传动脱离,使电动机空载运行。

通电检查法采用测量仪表测量各点电位和各线路的电流,分析故障点。在测量过程中,要按照仪表的使用注意事项进行操作,防止大电感、大电容元件对测量的影响,避免误判断,甚至损坏仪表。

◆ 短接检查法。利用一根绝缘良好的导线,将所怀疑的断路部位短接,若故障现象消失,说明该处断路。用短路法检测故障时,一定要将接头牢固连接,不可搭接。

短接法不能用于电阻、绕组、电容等断路故障的检修,否则会出现短路故障。如果采用通电短接法,必须断开所有的执行电器与机械部分的联系。

(4)在检修机床电气故障时应意的问题

①将机床电源断开。

②电动机不能转动,要从电动机有无通电,控制电动机的交流接触器是否吸合入手,绝不能立即拆修电动机。通电检查时,一定要先排除短路故障,在确认无短路故障后方可通电,否则,会造成更大的事故。

③熔体熔断,说明电路存在较大的冲击电流,如短路、严重过载等。

④热继电器的动作、烧毁,也要求先查明过载原因,否则,故障还会复发。

⑤在拆卸元件及端子连线时,特别是对不熟悉的机床,一定要仔细观察,理清控制电路,要及时做好记录、标号,避免在安装时发生错误。

2. CA6140 型车床常见电气故障检修

普通车床的工作过程是由电气与机械、液压系统紧密结合实现的,在维修中不仅要注意电气部分能否正常工作,也要注意它与机械和液压部分的协调关系。表 6-7 所示为普通车床常见电气故障。

表 6-7　普通车床常见电气故障

故障现象	故障原因	故障检修
三台电动机均不能起动,且无电源指示和照明	设备供电电源不正常,控制变压器 TC 一次侧回路有开路现象	①因控制变压器 TC 的二次侧电路没有电源指示与照明,可以暂时排除二次侧存在的故障可能性,而把故障的可能部位定位在控制变压器 TC 的一次侧。 ②合上 QF→用万用表测量 TC 一次侧的 U13 与 V13 之间的电压,测量电压若为 0V→断定 TC 一次侧有开路现象→用万用表测量 U11、V11 及 W11 两两之间的电压→若测得电压均为 380 V,则三相电源正常。 ③故障范围可以确定在 U11→FU2→U13→TC 一次侧线圈→V13→FU2→V11 回路里。 ④切断 QF,用万用表依次测量以上所指的故障回路的器件与线号间的直流电阻值,若测量到某处的阻值为无穷大,则说明该处点断路。 注意:在测量 TC 一次侧绕组直流电阻时,因线圈有一定值,故此时万用表量程应选择在 $R×10$ 或 $R×100$ 挡,以免造成判断失误
三台电动机均不能起动,但有电源指示,照明灯工作正常	控制变压器二次侧 FU3 对应回路里有故障;L3 电源缺相;控制变压器 TC 二次侧提供 110 V 电源的绕组出现故障	①用万用测量三相交流电源电压是否正常,确定 L3 电源是否缺相。 ②用电阻测量法或电压测量法,判断 TC 二次侧 110 V 电源绕组的两个线号 1 与 0 之间是否有开路故障。 ③若用万用表测量 TC 的二次侧的电压为 $U_{1-0}=110$ V,且操作控制回路的按钮或开关均不能起动三台电动机,故可把故障范围在控制回路中。 ④用电阻测量法,即依次用万用表电阻挡测量:FU3(1-2)→SQ1(2-4)→FR1(4-5);SB3(5-8)→KM3(8-0);FR2(4-9)→SA1(9-10)→KM1(10-11)→KM2(11-0);控制变压器 TC 的 0 号线端→0 号线→KM1、KM3、KM2 的 0 号线端回路。若测量中某点的电阻 $R=∞$,说明此处有开路或接触不良的故障
主轴电动机与冷却泵电动机不能起动,刀架快速移动电动机能起动,且有电源指示,照明灯工作正常	KM1 线圈支路中有故障;KM1 的线圈损坏或有机械故障	①若测量 KM1 线圈的直流电阻约为 1 200 Ω(以实测值为准),则说明 KM1 线圈无故障。 ②若用外力压合交流接触器 KM1 可动部分,无异常阻力且触点能正常闭合,可以基本排除 KM1 的机械故障。 ③故障范围可确定在 FR1(4-5)→SB1(5-6)→SB2(6-7)→KM1(7-0)→0 号线→TC 的 0 号接线端的回路里。 对以上所示的回路用万用表依次测量进行故障排查。测量若某两点的电阻 $R=∞$,说明此处有开路

技能训练　CA6140 型普通车床电气故障检修训练

1. 训练目标

根据 CA6140 型普通车床的电气原理图,在模拟 CA6140 型普通车床上排除电气故障,故障现象为:主轴电动机点动时,合上 SA1 时,冷却泵电动机能跟着主轴电动机点动,照明、电源指示及刀架快速移动电动机均正常。

①必须穿戴好劳保用品并进行安全文明操作。

②能正确地操作模拟 CA6140 型普通车床,能准确地确认故障现象。

③能根据故障现象在电气原理图上准确标出最小的故障范围。

④能依据电路原理图快速查找到模拟机床上的对应器件及导线。

⑤用电阻测量法快速检测出故障点,并安全修复。

2. 器材与工具

模拟 CA6140 型普通车床及配套电路图,1 套;万用表,1 块;电工工具,1 套。

3. 训练指导

①在教师指导下,分析理解 CA6140 型普通车床的电气控制原理图,由电气接线图和电器元件布置图出发,在车床上通过测量等方法找出实际走线路径。

②学生观摩在 CA6140 型普通车床人为设置一个故障点,教师示范检修。教师边讲解边操作示范。

③学生练习一个故障点的检修。

在实训教师指导下逐步完成一个指定电气故障的排除过程,故障排除的一般过程为:故障现象的确认故障原因分析→故障部位的分析→故障部位的检测→故障部位的修复→故障修复后的再次试车等六步故障检修法。

a. 确认故障现象。仔细观察和记录实训指导教师正确地操作 CA6140 普通车床的步骤,查看和确认在有故障情况下车床的故障现象,记录故障排除所需的相关线索。记录故障现象如下:

_____。

b. 分析故障原因。根据机床的电气控制原理图、机床的运动形式、工作要求及故障现象进行故障产生原因的全面分析,必要时通过检测性的通电试车排除不可能的原因,缩小故障范围。写出故障原因:

- ◆ _____。
- ◆ _____。
- ◆ _____。

c. 分析故障部位。根据故障原因的分析,排除不可能的原因,确定"最小的故障范围"。写出最小的故障范围:

_____。

d. 检测故障部位。设备断电的情况下,利用万用表的电阻挡对"最小的故障范围"逐一检测,直到检查出电路的故障点。电气故障主要表现为:接触不良、电路开路、短路、接错线、元件烧毁等。考虑到实训教学设备的反复使用率,一般不设置破坏性的短路故障。另外,使用中的电气设备接错线也是不可能的,故机床上的电气故障主要是开路故障。确定的故障部位为:

_____。

e. 修复部位。对检查出的故障部位进行修复,如用带绝缘层的导线将断开的线路段进行可靠连接。是否确认故障已修复?切记不要进行异号线短接。

_____。

f. 故障修复后的再试车。修复故障后,清理修复故障时留在现场的工具、导线、木螺钉等电工材料,恢复维修时开启箱、盖、门等防护设施,告知线路或设备上作业的其他工作人员准备再次通电试车,使通电试车没有其他安全隐患,查看无误后,通电试车,直到测试出该模拟机床的所有功能均为正常为止。为确保通电试车的安全性,通常在试车前还会作普及性的安全性能检测,如被控电动机的绝缘性能检测、三相绕组的电阻平衡度的检测、线路之间绝缘性能检测、设备金属外壳与导线之间的绝缘性能检测、设备金属外壳的接地性能检测、更换损坏的部件等,这些都是要根据现场的维修需要及设备在生产中的重要性做出必要的体检,以发现其他故障隐患,延长设备使用的寿命。

✦ 故障修复做了哪些事?

_____

✦ 是否做好了再次试车的全部检查?

_____

✦ 试车的所有功能是否正常?

_____

④试车成功后,待教师对该任务的训练情况进行评价,并口试回答教师提出的问题后,方可进行设备的断电和短接线的拆除。

⑤完成一个故障后,学生可再用类似的方法排除教师设置的其他故障。

思考练习题

①CA6140 型车床的电力拖动方式与控制要求有哪些?

②CA6140 型车床照明灯采用多少伏电压?为什么要用这个电压等级?

③CA6140 型车床的主轴电动机是如何实现正反转控制的?

④CA6140 型车床的主轴电动机因过载而自动停车后,操作者再次按起动按钮,但电动机不能起动,试分析可能的故障原因。

附录 维修电工(中级)电气控制线路的安装技能操作模拟试题

维修电工(中级)技能操作(电气控制线路的安装与调试)模拟试题(一)

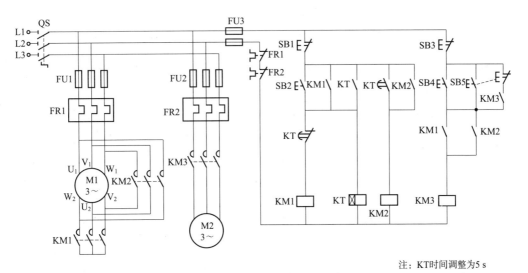

注：KT时间调整为5 s

维修电工(中级)技能操作(电气控制线路的安装与调试)模拟试题(二)

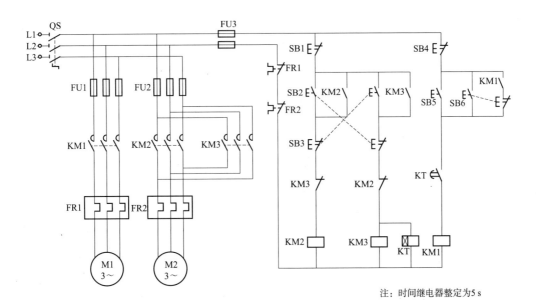

注：时间继电器整定为5 s

维修电工(中级)技能操作(电气控制线路的安装与调试)模拟试题(三)

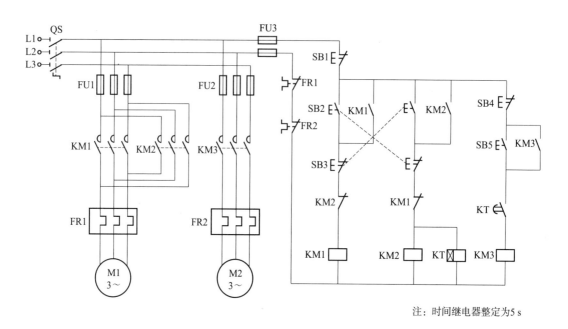

注:时间继电器整定为5 s

维修电工(中级)技能操作(电气控制线路的安装与调试)模拟试题(四)

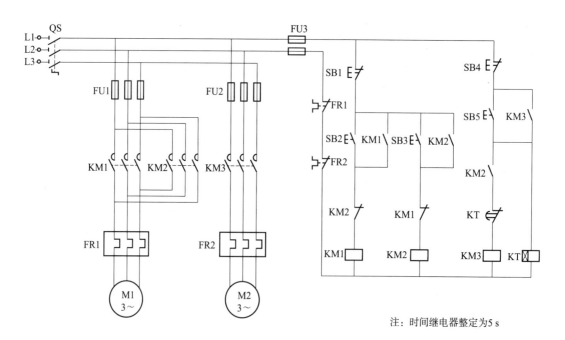

注:时间继电器整定为5 s

维修电工(中级)技能操作(电气控制线路的安装与调试)模拟试题(五)

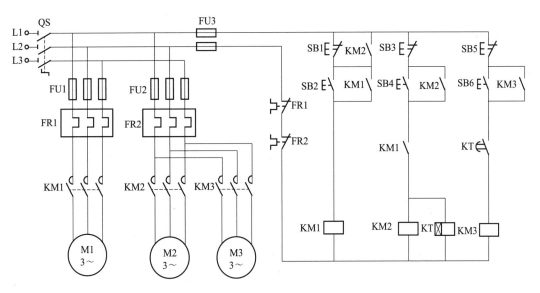

注：时间继电器整定为5 s

维修电工(中级)技能操作(电气控制线路的安装与调试)模拟试题(六)

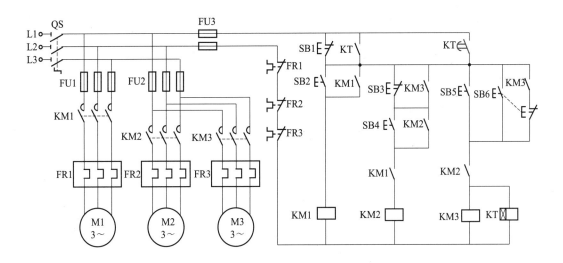

注：时间继电器整定为5 s

维修电工(中级)技能操作(电气控制线路的安装与调试)模拟试题(七)

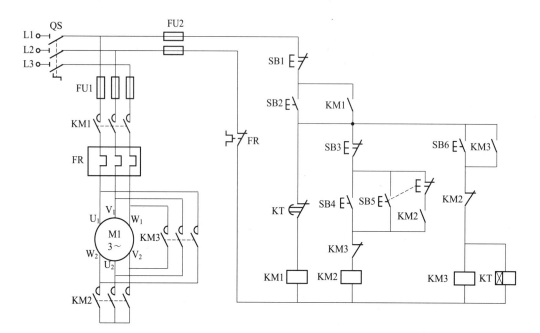

注：KT时间调整为5 s

维修电工(中级)操作技能(电气控制线路的安装与调试)考核评分表

序号	质 检 内 容	配分	评 分 标 准	扣分	得分
1	画全元件布置图	5	每漏画、错画一处扣2分		
2	元器件布置合理,排列顺序科学、牢固、美观,有利配线和修理	15	元器件未摆放固定牢靠的,每处扣2分		
			摆放不合理,影响操作和维修的,每处扣3分		
			元器件布局次序颠倒的,每处扣2分		
3	配线合理、整齐、美观,导线无裸露,无交叉、叠压,便于检查和更换元件	40	布线横不平,竖不直,弯角大小不一的,每处扣2分		
			导线有叠压交叉点的,每处扣2分		
			导线裸露过长或压线不正确的,每处扣2分		
			扎线不符合标准或漏扎的,每处扣1分		
			配线每散乱,难于检验,不准试运转,扣20分		
4	线路功能	40	一次试运转成功得40分		
			每返修一次扣20分(排除故障时间15分钟)		
5	按时完成配线自检		每超时5分钟,扣10分		
备注	①考生自检只能用表测试,经监考人员同意方可通电试运转。未经监考人员同意通电试运转的,扣20分。 ②超时,最多只允许40分钟,扣40分,以后不再延时,计时以完工交卷为准。 ③扣分不受配分限制。 ④替考作弊者取消考试资格,按0分处理。 ⑤考生必须佩戴准考证。			总分	
考试时间	210 min	开始时间		结束时间	
考生姓名		准考证号		考评员	

参 考 文 献

［1］张永花,杨强.电机及控制技术[M].北京:中国铁道出版社,2010.

［2］刘希村,谭政.电工技能实训[M].北京:中国电力出版社,2010.

［3］董武.维修电工技能与实训[M].北京:电子工业出版社,2011.

［4］林嵩.电气控制线路安装与维修[M].北京:中国铁道出版社,2012.

［5］马国伟,贺应和,谢志勇,等.电工技能训练[M].北京:清华大学出版社,2013.

［6］程红杰.电工工艺实习[M].3版.北京:中国电力出版社,2014.

［7］杨利军,熊异.电工技能训练[M].北京:机械工业出版社,2017.

［8］战金玉,王家明,赵金杰.电工技能实训项目教程[M].北京:电子工业出版社,2017.